U0272270

农业主要外来入侵植物图谱

(第四辑)

◎ 付卫东　张国良　等 著

中国农业科学技术出版社

图书在版编目（CIP）数据

农业主要外来入侵植物图谱. 第四辑 / 付卫东等著 . -- 北京：中国农业科学技术出版社，2022.12

ISBN 978-7-5116-5923-1

Ⅰ.①农… Ⅱ.①付… Ⅲ.①作物－外来入侵植物－中国－图谱 Ⅳ.① S45－64

中国版本图书馆 CIP 数据核字（2022）第 174320 号

责任编辑	马维玲
责任校对	李向荣
责任印制	姜义伟　王思文

出 版 者	中国农业科学技术出版社
	北京市中关村南大街 12 号　邮编：100081
电　　话	（010）82109194（编辑室）　（010）82109702（发行部）
	（010）82109702（读者服务部）
网　　址	https://castp.caas.cn
经 销 者	各地新华书店
印 刷 者	北京尚唐印刷包装有限公司
开　　本	105 mm×148 mm　1/64
印　　张	4.875
字　　数	150 千字
版　　次	2022 年 12 月第 1 版　2022 年 12 月第 1 次印刷
定　　价	98.00 元

内 容 提 要

　　《农业主要外来入侵植物图谱》包括农业部（现农业农村部）发布的《国家重点管理外来入侵物种（第一批）》、农业农村部和海关总署联合发布的《中华人民共和国进境植物检疫性有害生物名录》、环境保护部（现生态环境部）发布的《中国外来入侵物种名单》中的外来入侵植物，以及近年来危害我国农业生产和自然生态环境较为严重，同时也是公众关注的外来入侵植物。

　　本辑50种外来入侵植物包括苋科2种，豆科10种，大戟科4种，锦葵科3种，茄科4种，菊科4种，禾本科6种及其他科17种。每个物种基本按照植物全生育期形态特征排列。以入侵植物的全株、根、茎、叶、花、果实、种子以及群落照片为主，辅以文字描述。为了便于使用者在野外调查工作时进行物种之间的鉴别，将主要入侵植物的近似种按照相似的生长环境、形态特征、花期和果期列出，尽量把它们放在一起描述。最后重点注明容易混淆的植物特征。

本书中照片来自著者及其团队成员多年野外调研拍摄资料。由于掌握资料有限，形态描述和物种之间的比较，难免存在不足和疏漏之处，恳请广大使用者指正、反馈，便于修正后续分辑。

本书在撰写过程中得到农业农村部科技教育司、农业农村部农业生态与资源保护总站等单位的大力支持，在此表示衷心感谢！

本书由农作物病虫害鼠害疫情监测与防治2022—2023政府采购项目和国家重点研发计划（2021YFD1400300）项目资助出版。

著 者

2022 年 7 月

《农业主要外来入侵植物图谱》
（第四辑）
著 者 名 单

付卫东　张国良　王忠辉

宋　振　张　岳　袁至立

王　伊

前　　言

　　外来入侵物种防控是维护国家生物安全的重要内容，外来物种入侵与全球气候变化并列为当今两大全球性环境问题。我国外来物种入侵形势非常严峻，目前已初步确认外来入侵植物 400 多种，已经对我国农业生产与生态环境造成了巨大破坏。外来物种入侵不但影响生物多样性还严重威胁人类健康，并且造成极大的经济损失。由于外来入侵植物空间分布、扩散途径及危害程度等相关基础信息严重匮乏，对其科学有效预防与控制成为难点。掌握第一手资料，做好本底调查，明确每一种外来入侵植物的入侵途径、扩散传播特征、危害程度等，是科学预防与控制外来入侵植物的基础。

　　《农业主要外来入侵植物图谱》系列丛书，是一套口袋书形式的实用工具书，方便携带，可为基层农业技术人员快速识别田间入侵植物，开展调查工作提供基础支撑。本书使用的所有照片，均来自著者及其团队成员野外调研拍摄，由于掌握文献资料有限，难免有不足之处，恳请读者和使用者提出宝贵意见并指正。

著　者

2022 年 7 月

目　　录

1 番杏

【学名】番杏 *Tetragonia tetragonioides* (Pall.) Kuntze 隶属番杏科 Aizoaceae 番杏属 *Tetragonia*。

【别名】法国菠菜、新西兰菠菜、洋菠菜。

【起源】欧洲和南美洲。

【分布】中国分布于上海、江苏、浙江、广东、海南、云南、香港及台湾等地。

【入侵时间】早期作为一种蔬菜引种栽培，1919年首次在浙江采集到该物种标本。

【入侵生境】喜疏松、肥沃、沙质土壤，常生长于农田、路边、水沟或沙滩等生境。

【形态特征】一年生肉质草本植物，植株高 40 ～ 60 cm（图 1.1）。

图 1.1　番杏植株（付卫东 摄）

1 番杏

茎 茎初直立，后平卧上升，肉质，淡绿色，基部分枝（图 1.2）。

图 1.2　番杏茎（付卫东　摄）

叶 叶卵状菱形或卵状三角形，长 4 ~ 10 cm，边缘波状；肉质，长 0.5 ~ 2.5 cm（图 1.3）。

图 1.3 番杏叶（付卫东 摄）

1 番杏

花 花单生或 2～3 朵簇生叶腋；花梗长 2 mm；花被筒长 2～3 mm，裂片 3～5，通常为 4，内面黄绿色；雄蕊 4～13（图 1.4）。

图 1.4　番杏花（付卫东 摄）

果 坚果陀螺形，长约 5 mm，具钝棱，4～5 角，花被宿存；种子数粒。

【主要危害】种子繁殖，繁殖力强，生长迅速，与入侵地植物争夺生存空间，抑制其他物种生长，影响生物多样性（图 1.5）。

图 1.5 番杏危害（付卫东 摄）

【控制措施】控制栽培引种，防止逃逸。若发现野外逸生种群，应及时铲除。

2 毛马齿苋

【学名】毛马齿苋 *Portulaca pilosa* L. 隶属马齿苋科 Portulacaceae 马齿苋属 *Portulaca*。

【别名】午时草、多毛马齿苋、半枝莲。

【起源】美洲热带地区。

【分布】中国分布于福建、广东、广西[*]、海南、云南及台湾等地。

【入侵时间】1919 年首次在广东采集到该物种标本。

【入侵生境】耐寒，喜光，常生长于海边沙地、开阔地、路边或住宅旁等生境。

【形态特征】一年生草本植物，植株高 5～20 m（图 2.1）。

图 2.1　毛马齿苋植株
（王忠辉　摄）

---

[*] 广西壮族自治区简称广西。全书中出现的自治区均用简称。

茎 茎密丛生，铺散，多分枝（图2.2）。

图2.2 毛马齿苋茎（王忠辉 摄）

叶 叶互生；叶片近圆柱状线形或钻状狭披针形，长 1～2 cm，宽1～4 mm，叶腋疏被长柔毛，茎上部较密（图2.3）。

图 2.3 毛马齿苋叶（王忠辉 摄）

花 花直径约2 cm，无梗，围以6～9片轮生叶，密被长柔毛；萼片长圆形，渐尖或急尖；花瓣5，膜质，红紫色，宽倒卵形，顶端钝或微凹，基部合生；雄蕊20～30，花丝洋红色，基部不连合；花柱短，柱头3～6裂（图2.4）。

图 2.4 毛马齿苋花（王忠辉 摄）

果 蒴果卵球形，蜡黄色，有光泽，盖裂；种子小，深褐黑色，具小瘤体（图2.5）。

图2.5 毛马齿苋果（王忠辉 摄）

【主要危害】种子繁殖，为旱地、草地、绿化带、住宅旁和路边杂草，也发生于荒野，影响生物多样性。可能扩散的区域为热带、亚热带地区。

【控制措施】严格监管作为观赏植物引种栽培，防止逸生。若发现野生植株，应及时拔除。也可以选择2甲4氯、灭草松等除草剂防除。

3 落葵

【学名】落葵 *Basella rubra* L. 隶属落葵科 Basellaceae 落葵属 *Basella*。

【别名】木耳菜、胭脂菜、胭脂豆、紫豆菜、皇宫菜等。

【起源】亚洲热带地区。

【分布】中国分布于上海、浙江、湖南、江西、广东、广西、海南、重庆、四川、贵州、云南、香港及澳门等地。

【入侵时间】"落葵"最早见于西晋时期张华（公元232—300年）编撰的《博物志》，成书于汉末的《名医别录》有记载。1927年首次在中国香港和广东采集到该物种标本。

【入侵生境】常生长于荒地或路边等生境。

【形态特征】一年生缠绕草本植物，茎长 2 ～ 3 m（图3.1）。

图 3.1 落葵植株（王忠辉 摄）

根 根系发达，分布深且广，潮湿表土中易生长不定根。

茎 茎肉质，初生茎较肥厚、坚挺，横断面圆形，横径约为 0.6 cm；伸长后逐渐变柔细，可自动左旋缠绕攀缘；分蘖性强，根部、叶腋均可生长侧芽，形成子蔓；茎呈淡紫色、紫红色或绿色；全株光滑无毛（图 3.2）。

图 3.2 落葵茎（①②张国良 摄，③④⑤王忠辉 摄）

3 落葵

叶 单叶互生；叶肉较厚，全缘无托叶，绿色或叶脉及叶缘紫红色，心形或近圆形至卵圆状披针形，顶端急钝尖或渐尖，一般有侧脉 4～5 对；叶柄长 1～3 cm，少数可达 3.5 cm，具凹槽（图 3.3）。

图 3.3　落葵叶（①②张国良 摄，③④⑤王忠辉 摄）

花 穗状花序，腋生，花枝长 20 cm 左右，每花枝具小花 15～20 朵；两性花无花瓣，萼片 5，淡紫色至淡红色，下部白色，或全萼白色，连合成管；雄蕊 5，着生于萼管口，与萼片对生；花柱 3，基部合生（图 3.4）。

图 3.4　落葵花（①③④王忠辉 摄，②张国良 摄）

果 浆果卵圆形，直径 5～10 mm，果肉紫色多汁；种子球形，直径 4～6 mm（图 3.5）。

图 3.5 落葵果（①②张国良 摄，③王忠辉 摄）

【**主要危害**】 能缠绕其他植物，与之争夺光照、水分、养分及生长空间，降低入侵地的物种丰富度，危害生态环境，影响生物多样性。可能扩散的区域为热带、亚热带地区（图3.6）。

图 3.6 落葵危害（①张国良 摄，②③④王忠辉 摄）

【控制措施】若发现野外逸生种群，应及时清除。

4 肥皂草

【学名】肥皂草 *Saponaria officinalis* L. 隶属石竹科 Caryophyllaceae 肥皂草属 *Saponaria*。

【别名】石碱草。

【起源】欧洲。

【分布】中国分布于辽宁、山东及甘肃等地。

【入侵时间】1928 年首次在辽宁大连采集到该物种标本。

【入侵生境】喜光，喜昼夜温差大，不耐热，耐贫瘠，不耐旱、涝，喜疏松、肥沃土壤，常生长于田间、路边、河岸或林场等生境。

【形态特征】多年生草本植物，植株高 30 ～ 80 cm（图 4.1）。

图 4.1　肥皂草植株
（付卫东 摄）

根 主根肥厚，肉质；根茎细、多分枝。

茎 茎直立，不分枝或上部分枝，无毛（图4.2）。

图 4.2 肥皂草茎（付卫东 摄）

叶 叶片椭圆形或椭圆状披针形，长 5～10 cm，宽 2～4 cm，基部渐狭呈短柄状，微合生，半抱茎，顶端急尖，边缘粗糙，两面均无毛，具 3 或 5 基出脉（图 4.3）。

图 4.3 肥皂草叶（付卫东 摄）

4 肥皂草

花 聚伞圆锥花序，小聚伞花序具花 3 ～ 7 朵；苞片披针形，长渐尖，边缘和中脉被稀疏短粗毛；花梗长 3 ～ 8 mm，被稀疏短毛；花萼筒状，长 18 ～ 20 mm，直径 2.5 ～ 3.5 mm，绿色，有时暗紫色，初期被毛，纵脉 20 条，不明显，萼齿宽卵形，具凸尖；雌、雄蕊柄长均约 1 mm；花瓣白色或淡红色，爪狭长，无毛，瓣片楔状倒卵形，长 10 ～ 15 mm，顶端微凹缺；副花冠片线形；雄蕊和花柱外露（图 4.4）。

图 4.4　肥皂草花（付卫东 摄）

果 蒴果长圆状卵形，长约 15 mm；种子圆肾形，长 1.8～2 mm，黑褐色，具小瘤（图 4.5）。

图 4.5 肥皂草果（付卫东 摄）

【主要危害】 种子繁殖或营养繁殖，依靠人工引种栽培传播，常逸生为杂草，植株有毒（图4.6）。

图 4.6　肥皂草危害（付卫东　摄）

【控制措施】 若发现野外逸生种群，应及时清除。

5 无瓣繁缕

【学名】无瓣繁缕 *Stellaria pallida* (Dumort.) Crép. 隶属石竹科 Caryophyllaceae 繁缕属 *Stellaria*。

【别名】小繁缕。

【起源】欧洲。

【分布】中国分布于北京、上海、江苏、安徽、浙江、山东、河南、湖北、湖南、江西、四川及云南等地。

【入侵时间】1949 年首次在上海采集到该物种标本。

【入侵生境】喜肥沃土壤，常生长于路边、住宅旁、荒地或农田等生境。

【形态特征】二年生草本植物，全株鲜绿，植株高 10 ～ 25 cm（图 5.1）。

图 5.1 无瓣繁缕植株
（付卫东 摄）

根 无明显主根，细根发达（图 5.2）。

图 5.2　无瓣繁缕根（付卫东 摄）

茎 茎下部平卧，多分枝，疏被 1 行短柔毛，逐渐至茎上部光滑无毛（图 5.3）。

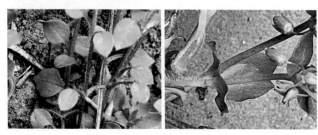

图 5.3　无瓣繁缕茎（付卫东 摄）

叶 叶片倒卵形至披针形，长 1～2 cm，宽 0.5～1 cm；叶基部下延至柄，下部叶具柄，柄长 0.5 cm，中上部叶无柄或由叶基部下延渐狭成柄；叶顶端突尖（图 5.4）。

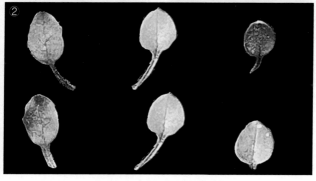

图 5.4　无瓣繁缕叶（①付卫东 摄，②王忠辉 摄）

花 聚伞状花序；花梗光滑无毛，长约 1 cm；萼片 5，光滑无毛，具极狭膜质边缘；花瓣无或小，近于退化；雄蕊 3～5，多为 3；子房卵形，1 室，具胚珠多数，花柱 3，短小（图 5.5）。

图 5.5　无瓣繁缕花（付卫东　摄）

果 蒴果长卵形，6瓣裂；种子细小，直径约0.5 mm，红褐色，圆肾形，表面具疣状突起（图5.6）。

图5.6 无瓣繁缕果（付卫东 摄）

【主要危害】依靠农事操作等人类活动传播扩散，为蔬菜地较为严重的杂草，主要于早春发生且发生量大。可能扩散的区域为亚热带及其以北地区（图5.7）。

图 5.7　无瓣繁缕危害（付卫东 摄）

【控制措施】控制引种，精选种子。也可以选择乙草胺、2甲4氯等除草剂防除。

6 杂配藜

【学名】杂配藜 *Chenopodium hybridum* L. 隶属藜科 Chenopodiaceae 藜属 *Chenopodium*。

【别名】血见愁、大叶藜。

【起源】欧洲和亚洲西部。

【分布】中国分布于北京、天津、河北、山西、内蒙古、辽宁、吉林、黑龙江、浙江、山东、河南、湖北、湖南、重庆、四川、贵州、云南、西藏、陕西、宁夏、甘肃、青海及新疆等地。

【入侵时间】1964 年首次在河北承德采集到该物种标本。

【入侵生境】环境条件耐受范围广，常生长于林缘、山坡、灌丛、沟沿、旷野或荒地等生境。

【形态特征】一年生草本植物，植株高 30 ~ 120 cm（图 6.1）。

图 6.1 杂配藜植株（张国良 摄）

6 杂配藜

茎 茎直立，粗壮，单一或上部分枝，具5锐棱，无毛（图6.2）。

图 6.2　杂配藜茎（张国良 摄）

叶 单叶互生；叶柄长 2～7 cm；叶片质薄，宽卵形至卵状三角形，长 6～15 cm，宽 5～12 cm，两面近同色，幼嫩时有粉粒，先端尖或渐尖，基部圆形、平截或稍心形，边缘掌状浅裂，裂片三角形，不等大（图 6.3）。

图 6.3　杂配藜叶（张国良 摄）

花 花两性兼有雌性，组成圆锥状花序，顶生或腋生；花被 5 裂，裂片狭卵形，先端圆钝，边缘膜质，背面具纵脊；雄蕊 5。

果 胞果薄膜质，双凸镜状，具蜂窝状的 4～6 角网脉；种子扁圆形，黑色，无光泽，有明显的凹点，直径 2～3 mm。

【**主要危害**】通过鸟和家畜携带散播，也可通过农事活动以及运输过程无意散播。为最常见的农业、园艺和蔬菜作物田中的杂草之一，在农田中与农作物竞争水分、养分，降低农作物产量。幼苗可用作家畜饲料，但过量食用会引起家畜硝酸盐中毒（图6.4）。

图6.4　杂配藜危害（张国良 摄）

【**控制措施**】开花前拔除。由于种子具有休眠特性，在整个生长季都可以发芽生长，必须反复铲除。也可以选择常规除草剂防除。

7 刺花莲子草

【学名】刺花莲子草 *Alternanthera pungens* H. B. K. 隶属
苋科 Amaranthaceae 莲子草属 *Alternanthera*（图 7.1）。

【别名】地雷草。

【起源】南美洲。

【分布】中国分布于福建、海南、四川、云南及香港
等地。

【入侵时间】20 世纪 50 年代初以来先后出现在福建

图 7.1　刺花莲子草植株（张国良　摄）

（厦门）和海南（昌江）的海边或旷野。1957 年首次在四川芦山采集到该物种标本。

【入侵生境】常生长于旷野、农田、路边或荒地等生境。

【形态特征】多年生草本植物。

根 根多分枝，膨大。

茎 茎披散匍匐，多分枝，微红紫色，密被伏贴白色硬毛（图 7.2）。

图 7.2 刺花莲子草茎（王忠辉 摄）

叶 叶片卵形、倒卵形或椭圆状倒卵形，顶端圆钝、短尖，基部渐狭，两面无毛或疏被伏贴毛（图 7.3）。

图 7.3　刺花莲子草叶（张国良　摄）

7 刺花莲子草

花 头状花序，无总花梗；1～3 个腋生，白色，球形或矩圆形，长 5～10 mm；退化雄蕊比花丝短，全缘、凹缺或不规则牙齿状；花柱极短（图 7.4）。

图 7.4　刺花莲子草花（王忠辉　摄）

果 胞果宽椭圆形，长 1～1.5 mm，褐色，极扁平，顶端截形或稍凹；种子细小，外表光滑，透镜状（图 7.5）。

图 7.5　刺花莲子草果（张国良　摄）

【主要危害】 经由货物、旅行的行李和牲畜携带传播扩散。对猪和羊有毒，会使牛患皮肤病；影响农事操作，其刺在耕作或绿化中经常伤害人（图7.6）。

图7.6　刺花莲子草危害（张国良　摄）

【控制措施】 若发现野生植株，应及时清除；若发生面积大，也可以选择草甘膦、2甲4氯、百草敌等除草剂防除。

8 锦绣苋

图 8.1　锦绣苋植株
　　（付卫东　摄）

【学名】锦绣苋 *Alternanthera bettzickiana*（Regel）G. Nicholson 隶属苋科 Amaranthaceae 莲子草属 *Alternanthera*。

【别名】红莲子草、红节节草、红草、五色草。

【起源】巴西。

【分布】中国分布于江苏、广东、广西、重庆、四川及云南等地。

【入侵时间】1917 年首次在广东广州采集到该物种标本。

【入侵生境】喜温暖，耐干热，对土壤适应性强，喜疏松、肥沃、干燥的沙质土壤。常生长于路边、农田、林下、草原或灌丛等生境。

【形态特征】多年生草本植物，植株高 20 ～ 50 cm（图 8.1）。

茎 茎直立或基部匍匐，多分枝，上部四棱形，下部圆柱形，两侧各有 1 条纵沟，在顶端及节部被伏贴柔毛（图 8.2）。

图 8.2　锦绣苋茎（付卫东 摄）

叶 叶片矩圆形、矩圆状倒卵形或匙形，长 1 ～ 6 cm，宽 0.5 ～ 2 cm，顶端急尖或圆钝，有凸尖，基部渐狭，边缘皱波状，绿色或红色，或部分绿色，杂以红色或黄色斑纹，幼时被柔毛后脱落；叶柄长 1 ～ 4 cm，稍被柔毛（图 8.3）。

图 8.3　锦绣苋叶（①王忠辉 摄，②③付卫东 摄）

花 头状花序，顶生及腋生，2～5个丛生，长5～10 mm，无总花梗；苞片及小苞片卵状披针形，长1.5～3 mm，顶端渐尖，无毛或脊部被长柔毛；花被片状矩圆形，白色，外面2片长3～4 mm，凹形，背部下半部密被开展柔毛，中间1片较短，稍凹或近扁平，疏被柔毛或无毛，内面2片极凹，稍短且较窄，疏被柔毛或无毛；雄蕊5，花丝长1～2 mm，花药条形，其中1～2个较短且不育；退化雄蕊带状，高达花药的中部或顶部，顶端分裂成3～5条极窄条；子房无毛，花柱长约0.5 mm（图8.4）。

图8.4 锦绣苋花（付卫东 摄）

果 果实不发育。

【主要危害】已出现野外逸生种群，但尚未见明显危害。可能扩散的区域为长江流域及其以南地区（图 8.5）。

图 8.5 锦绣苋危害（付卫东 摄）

【控制措施】严格监管控制作为观赏植物在潜在分布区的引种栽培，防止逃逸。逸生种群在前期可以人工铲除，也可以选择草甘膦、草丁膦或 2 甲 4 氯等除草剂防除。

【学名】仙人掌 *Opuntia dillenii*（Ker Gawl.）Haw. 隶属仙人掌科 Cactaceae 仙人掌属 *Opuntia*。

【别名】仙巴掌、缩刺仙人掌。

【起源】墨西哥东海岸、美国南部及东南部沿海地区、西印度群岛、百慕大群岛和南美洲北部。

【分布】中国分布于广东、广西、海南、香港及澳门等地。

【入侵时间】中国于明朝末期作为围篱引种，《岭南杂记》（1702 年）有记载。1910 年首次在广东采集到该物种标本。

【入侵生境】能适应各种生境类型，常生长于沙漠、草原、高山、海岛或热带雨林及其边缘等生境。

【形态特征】多年生肉质灌木，植株高（1）1.5～3 m（图 9.1）。

图 9.1 仙人掌植株（王忠辉 摄）

茎 上部分枝宽倒卵形、倒卵状椭圆形或近圆形，长 10～35（40）cm，宽 7.5～20（25）cm，厚 1.2～2 cm，先端圆，边缘常不规则波状，基部楔形或渐窄，绿色或蓝绿色，无毛；小窠疏生，突出，每小窠具（1）3～10（20）刺，密被短绵毛和倒刺刚毛，刺黄色，有淡褐色横纹，粗钻形，稍开展并内弯，基部扁，坚硬，长 1.2～4（6）cm，宽 1～1.5 mm；倒刺刚毛暗褐色，长 2～5 mm，直立，宿存灰色短绵毛，短于倒刺刚毛（图 9.2）。

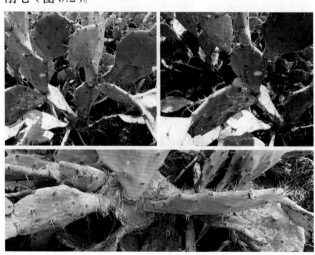

图 9.2 仙人掌茎（王忠辉 摄）

9 仙人掌

叶 叶钻形，长 4～6 mm，绿色，早落（图 9.3）。

图 9.3　仙人掌叶（付卫东 摄）

花 花辐状，直径 5～6.5 cm；花托倒卵形，疏生突出小窠；瓣状花被片倒卵形或匙状倒卵形，长 2.5～3 cm，黄色；花丝淡黄色，长 0.9～1.1 cm；柱头 5，黄白色（图 9.4）。

图 9.4 仙人掌花（①王忠辉 摄，②③④⑤⑥付卫东 摄）

果 浆果倒卵球形，顶端凹陷，基部狭缩呈柄状，长 4～6 cm，直径 2.5～4 cm，表面平滑无毛，紫红色，每侧着生 5～10 个突起的小窠，小窠具短绵毛、倒刺刚毛和钻形刺；种子多数，扁圆形，长 4～6 mm，宽 4～4.5 mm，厚约 2 mm，边缘稍不规则，无毛，淡黄褐色（图 9.5）。

图 9.5 仙人掌果（王忠辉 摄）

【**主要危害**】影响海岸生态景观，其刺和刺状刚毛可刺伤人类和牲畜。可能扩散的区域为热带、南亚热带地区（图 9.6）。

图 9.6 仙人掌危害（①付卫东 摄，②③④⑤王忠辉 摄）

【控制措施】加强管理。若发现野外逸生植株，应及时清除。

10 皱子白花菜

【学名】皱子白花菜 *Cleome rutidosperma* DC. Prodr. 隶属山柑科 Capparaceae 白花菜属 *Cleome*（图 10.1）。

【别名】皱子鸟足菜、平伏茎白花菜、成功白花菜。

【起源】非洲热带地区。

【分布】中国分布于江苏、安徽、福建、广东、广西、海南、云南、香港及台湾等地。

【入侵时间】1958 年首次在云南采集到该物种标本。

图 10.1 皱子白花菜植株（付卫东 摄）

10 皱子白花菜

【入侵生境】喜肥沃、疏松土壤，常生长于农田、果园、路边、住宅旁或疏林下等生境。

【形态特征】一年生草本植物，植株高可达 90 cm；茎、叶柄及叶背脉上疏被无腺长柔毛，有时近无毛。

茎 茎直立、开展或平卧，分枝疏散，无刺（图 10.2）。

图 10.2　皱子白花菜茎（付卫东 摄）

农业主要外来入侵植物图谱（第四辑）

叶 复叶有小叶3片；叶柄长2～10 mm；小叶椭圆状披针形，有时近斜方状椭圆形，顶端急尖或渐尖、钝形或圆形，基部渐狭或楔形，几无小叶柄，边缘有具纤毛的细齿；中央小叶最大，长1～2.5 cm，宽5～12 mm；侧生小叶较小，两侧不对称（图10.3）。

图10.3 皱子白花菜叶（付卫东 摄）

图 10.4　皱子白花菜花
（付卫东　摄）

花 花单生于茎上部叶具短柄叶片较小的叶腋内，常 2～3 花连接着生在 2～3 节上形成开展有叶而间断的花序；花梗纤细，长 1.2～2 cm，果时长约 3 cm；萼片 4，绿色，分离，狭披针形，顶端尾状渐尖，长约 4 mm，背部被短柔毛，边缘具纤毛；花瓣 4 片，2 片中央花瓣中部有黄色横带，2 片侧生花瓣颜色一样，顶端急尖或钝形，有小凸尖头，基部渐狭延成短爪，长约 6 mm，宽约 2 mm，近倒披针状椭圆形，全缘，两面无毛；花盘不明显，花托长约 1 mm；雄蕊 6，花丝长 5～7 mm，花药长 1.5～2 mm；雌蕊柄长 1.5～2 mm，果时长 4～6 mm；子房线柱形，长 5～13 mm，无毛，有些花中子房不育，长仅 2～3 mm；花柱短而粗，柱头头状（图 10.4）。

果 果线柱形,表面平坦或微呈念珠状,两端变狭,顶端有喙,长 3.5～6 cm,中部直径 3.5～4.5 mm;果瓣质薄,有纵向近平行脉,常自两侧开裂;种子近圆形,直径 1.5～1.8 mm,背部有 20～30 条横向脊状皱纹,皱纹上有细乳状突起,爪开张,彼此不相连,爪的腹面边缘有 1 条白色假种皮带(图 10.5)。

图 10.5 皱子白花菜果(付卫东 摄)

【**主要危害**】为旱地、住宅旁杂草，影响景观（图 10.6）。

图 10.6　皱子白花菜危害（付卫东 摄）

【**控制措施**】加强引种栽培管理，防止逸生。若发现野外逸生植株，应及时拔除；若发生面积大，可以选择草甘膦等除草剂防除。

11 落地生根

【学名】落地生根 *Bryophyllum pinnatum*（L. f.）Oken 隶属景天科 Crassulaceae 落地生根属 *Bryophyllum*。

【别名】灯笼花、土三七、叶生根。

【起源】马达加斯加。

【分布】中国分布于福建、广东、广西、海南、云南及台湾等地。

【入侵时间】1861 年在中国香港有记载。1918 年首次在福建采集到该物种标本。

【入侵生境】喜阳光充足、温暖、干燥环境，耐旱、耐热，不耐潮湿和严寒，常生长于草地、路边或荒地等生境。

【形态特征】多年生草本植物，植株高 40 ～ 150 cm（图 11.1）。

图 11.1　落地生根植株
（王忠辉　摄）

11 落地生根

茎 茎直立，多分枝，无毛，上部紫红色，密被椭圆形皮孔，下部有时稍木质化（图 11.2）。

图 11.2 落地生根茎（王忠辉 摄）

叶 单叶或羽状复叶对生，复叶有小叶3～5片；叶片肉质，椭圆形或长椭圆形，长6～10 cm，宽3～6 cm，先端圆钝，边缘有圆齿，圆齿底部生芽，落地即生长为新植株（图11.3）。

图11.3 落地生根叶（王忠辉 摄）

11 落地生根

花 圆锥花序，顶生，花大，两性，下垂；苞片2枚，叶片状；花萼钟状，膜质，膨大，长2.5～4 cm，淡绿色或黄白色；花冠管状，长3～4.5 cm，淡红色或紫红色，基部膨大呈球形，中部收缩，先端4裂，裂片伸出萼管之外；雄蕊8，排成2轮，着生于花冠基部，与花冠管合生，花丝长，花药紫色；心皮4，分离，花柱细长，基部外侧有1鳞片，呈长方形（图11.4）。

图 11.4　落地生根花（王忠辉 摄）

果 蓇葖果包于花萼及花冠内；种子细小，多数，有条纹（图 11.5）。

图 11.5 落地生根果（王忠辉 摄）

【主要危害】对入侵地的生物多样性有一定的影响（图11.6）。

图 11.6 落地生根危害（王忠辉 摄）

【控制措施】控制在空旷生境引种。若发现野外逸生种群，少量时可以人工铲除；若发生面积大，可以选择草甘膦、2甲4氯等除草剂防除。

12 白花草木犀

【学名】白花草木犀 *Melilotus albus* Desr. 隶属豆科 Fabaceae
草木犀属 *Melilotus*。

【别名】白香草木蓿、白香草木犀等。

【起源】欧洲和亚洲西部。

【分布】中国分布于河北、山西、
辽宁、吉林、黑龙江、江苏、安
徽、福建、河南、重庆、四川、
云南、西藏、陕西、甘肃、青
海及新疆等地。

【入侵时间】1918 年首次在山东
青岛采集到该物种标本。

【入侵生境】喜湿润土壤和半干
燥气候，常生长于农田、路边、
山坡或草丛等生境。

【形态特征】二年生草本植物，
有香气，植株高 0.7 ~ 2 m（图
12.1）。

图 12.1　白花草木犀植株
（张国良　摄）

12 白花草木犀

茎 茎直立，圆柱形，中空，多分枝，近无毛（图 12.2）。

图 12.2　白花草木犀茎（①张国良　摄，②付卫东　摄）

农业主要外来入侵植物图谱（第四辑）

叶 羽状三出复叶；托叶尖刺状锥形，长 0.6～1 cm，全缘，稀具 1 细齿，中央具 1 脉；叶柄比小叶短，纤细；小叶长圆形或倒披针状长圆形，长 15～30 cm，上面无毛，下面被细柔毛，侧脉 12～15 对，平行直达叶缘齿尖，两面均不隆起，边缘具不明显的锯齿，顶生小叶稍大，具较长叶柄，侧生小叶的叶柄短（图 12.3）。

图 12.3　白花草木犀叶（①张国良 摄，②付卫东 摄）

12 白花草木犀

花 总状花序，长 9 ~ 20 cm，腋生，具花 40 ~ 100 朵，排列疏松；苞片线形，长 1.5 ~ 2 mm；花长 4 ~ 5 mm；花梗短，长 1 ~ 1.5 mm；花萼钟形，长约 2.5 mm，微被柔毛，萼齿三角状披针形，短于萼筒；花冠白色，旗瓣椭圆形，稍长于翼瓣，龙骨瓣与翼瓣等长或稍短；子房卵状披针形，上部渐窄至花柱，无毛，胚珠 3 ~ 4 粒（图 12.4）。

图 12.4 白花草木犀花（①张国良 摄，②③④付卫东 摄）

果 荚果椭圆形至长圆形，长 3～3.5 mm，棕褐色，老熟后变黑褐色；种子 1～2 粒，卵形，棕色，表面具细瘤点（图 12.5）。

图 12.5　白花草木犀果（付卫东　摄）

12 白花草木犀

【主要危害】 为农田、路边、草场杂草（图 12.6）。

图 12.6 白花草木犀危害（①张国良 摄，②付卫东 摄）

【控制措施】 控制引种，精选农作物种子。也可以选择草甘膦、氯氟吡氧乙酸等除草剂防除。

13 草木犀

【学名】草木犀 *Melilotus officinalis*（L.）Lam. 隶属豆科 Fabaceae 草木犀属 *Melilotus*。

【别名】黄花草木犀、黄香草木犀、香草木犀、金花草等。

【起源】亚洲中部、西部和欧洲南部。

【分布】中国分布于北京、天津、河北、山西、内蒙古、辽宁、吉林、黑龙江、上海、江苏、安徽、浙江、福建、山东、河南、湖北、湖南、江西、广东、广西、重庆、四川、贵州、云南、西藏、陕西、青海及新疆等地。

【入侵时间】作为牧草、绿肥和蜜源植物引种栽培，1918 年首次在江苏采集到该物种标本。

【入侵生境】耐碱性土壤，常生长于路边、农田、荒地、果园、村旁、沙丘、山坡或草原等生境。

【形态特征】一年生或二年生草本植物，有香气，植株高 40 ~ 150 cm（图 13.1）。

图 13.1 草木犀植株（王忠辉 摄）

根 根系发达，主根粗壮（图 13.2）。

图 13.2　草木犀根（王忠辉　摄）

13 草木犀

茎 茎直立，粗壮，多分枝，具纵棱，微被柔毛（图 13.3）。

图 13.3 草木犀茎（①②③王忠辉 摄，④付卫东 摄）

叶 羽状三出复叶；托叶镰状线形，长 3～7 mm，中央有 1 条脉纹，基部边缘非膜质，全缘或基部有 1 尖齿；叶柄细长；小叶长卵形、倒卵形、倒窄披针形至线形，长 15～30 mm，宽 4～6 mm，先端钝圆或截形，具短尖，基部阔楔形，边缘具不整齐的浅锯齿，上面粗糙但无毛，下面疏被短柔毛（图 13.4）。

图 13.4 草木犀叶（王忠辉 摄）

13 草木犀

花 总状花序，腋生，长 6～15 cm，具花 30～70 朵，花序轴在花期显著伸展；苞片刺毛状，长约 1 mm；花朵较大，长 4～7 mm；花梗与苞片等长或稍长；花萼钟形，长约 2 mm，具 5 条明显脉纹，萼齿三角状披针形，比萼筒短；花冠黄色，旗瓣呈矩状倒卵形，顶端凹，与翼瓣近等长，龙骨瓣稍短或近等长；雄蕊在花后常宿存包于果外；子房卵状披针形，胚珠 4～6(8) 粒（图 13.5）。

图 13.5　草木犀花（①付卫东　摄，②③④王忠辉　摄）

果 荚果卵形，较大，长 3～5 mm，具宿存花柱，棕黑色，被柔毛，网纹明显；种子 1 粒，长圆球形，黄褐色，平滑（图 13.6）。

图 13.6 草木犀果（①付卫东 摄，②王忠辉 摄）

【主要危害】 在南方地区，为旱地杂草，危害果园，有时入侵农田，但危害程度较轻；在北方农牧交错带，草木犀在公路沿线植物群落中已成为优势种，对公路两侧生物多样性和景观已造成一定危害（图13.7）。

图 13.7　草木犀危害（①王忠辉 摄，②付卫东 摄）

【控制措施】 控制引种，避免将种子带入农田。出现入侵时可以人工拔除或选择除草剂防除。

14 紫苜蓿

【学名】紫苜蓿 *Medicago sativa* L. 隶属豆科 Fabaceae 苜蓿属 *Medicago*。

【别名】苜蓿、蓿草、紫花苜蓿。

【起源】亚洲西部。

【分布】中国分布于北京、河北、山西、内蒙古、辽宁、吉林、上海、江苏、安徽、浙江、山东、河南、湖北、湖南、江西、重庆、四川、贵州、云南、西藏、陕西、甘肃、青海、新疆及台湾等地。各地都有栽培或呈半野生状态。

【入侵时间】《植物名实图考》（1841—1846年）有记载。1901年首次在北京采集到该物种标本。

【入侵生境】喜光，耐寒、耐旱，适生于中性和微酸性土壤，常生长于农田、路边、旷野、草原、河岸或沟谷等生境。

【形态特征】多年生草本植物，植株高 50 ～ 100 cm（图 14.1）。

图 14.1 紫苜蓿植株
（王忠辉 摄）

14 紫苜蓿

根 主根粗壮，深入土层，根颈发达。

茎 自基部分枝，直立、丛生以至平卧，四棱形，无毛或微被柔毛，枝叶茂盛（图 14.2）。

图 14.2　紫苜蓿茎（王忠辉 摄）

叶 羽状三出复叶；托叶大，卵状披针形，先端锐尖，基部全缘或具 1～2 齿裂，脉纹清晰；叶柄比小叶短；小叶长卵形、倒长卵形至线状卵形，等大，或顶生小叶稍大，长（5）10～25（40）mm，宽 3～10 mm，纸质，先端钝圆，具由中脉伸出的长齿尖，基部狭窄，楔形，边缘 1/3 以上具锯齿，上面无毛，深绿色，下面被伏贴柔毛，侧脉 8～10 对，与中脉呈锐角，在近叶边处略有分叉；顶生小叶柄比侧生小叶柄略长（图 14.3）。

图 14.3　紫苜蓿叶（王忠辉 摄）

花 花序总状或头状，长 1 ～ 2.5 cm，具花 5 ～ 30 朵；总花梗挺直，比叶长；苞片线状锥形，比花梗长或等长；花长 6 ～ 12 mm；花梗短，长约 2 mm；花萼钟形，长 3 ～ 5 mm，萼齿线状锥形，比萼筒长，被伏贴柔毛；花冠各色：淡黄色、深蓝色至暗紫色；花瓣均具长瓣柄，旗瓣长圆形，先端微凹，明显较翼瓣和龙骨瓣长，翼瓣较龙骨瓣稍长；子房线形，被柔毛，花柱短阔，上端细尖，柱头点状，胚珠多数（图 14.4）。

图 14.4　紫苜蓿花（王忠辉　摄）

果 荚果螺旋状紧卷 2～4 圈，中央无孔或近无孔，直径 5～9 mm，被柔毛或渐脱落，脉纹细，不清晰，熟时棕色（图 14.5）。

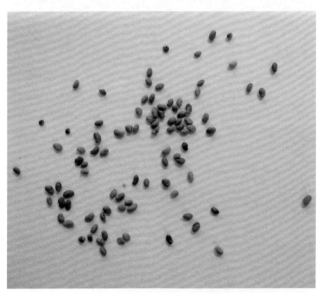

图 14.5 紫苜蓿种子（王忠辉 摄）

【主要危害】为果园、路边、草地杂草，也入侵农田，影响田间劳作（图 14.6）。

图 14.6　紫苜蓿危害（王忠辉 摄）

【控制措施】控制引种，精选农作物种子。也可以选择草甘膦、氯氟吡氧乙酸等除草剂防除。

【学名】无刺巴西含羞草 *Mimosa diplotricha* var. *inermis*
(Adelb.) Verdc. 隶属豆科 Fabaceae 含羞草属 *Mimosa*。

【别名】无刺含羞草。

【起源】巴西。

【分布】中国分布于福建、广东、广西、海南及香港等地。

【入侵时间】《广西植物名录》(1971 年)、《广西植物志》(2003 年) 均有记载。1961 年首次在海南万宁采集到该物种标本。

【入侵生境】喜温暖、喜光，耐热，不耐冷，常生长于荒地、果园或路边等生境。

【形态特征】多年生亚灌木状草本植物（图 15.1）。

图 15.1　无刺巴西含羞草植株
（付卫东　摄）

15 无刺巴西含羞草

茎攀缘或平卧，长达 60 cm，五棱柱状，茎上无钩刺，被疏长毛，老时毛脱落（图 15.2）。

图 15.2　无刺巴西含羞草茎（付卫东　摄）

叶 二回羽状复叶，小叶深绿色羽毛状，长 10 ～ 15 cm（图 15.3）。

图 15.3　无刺巴西含羞草叶（付卫东 摄）

花 头状花序呈圆球状，花为紫红色，花量极多，密布叶丛中；头状花序花时连花丝直径约 1 cm，1 或 2 个着生于叶腋，总花梗长 5 ～ 10 mm；花萼极小，4 齿裂；花冠钟状，长 2.5 mm，中部以上 4 瓣裂，外面稍被毛；雄蕊 8，花丝长为花冠的数倍；子房圆柱状，花柱细长（图 15.4）。

图 15.4　无刺巴西含羞草花（付卫东　摄）

果 荚果长圆形，长 2～2.5 cm，宽 4～5 mm，边缘及荚节上无刺毛（图 15.5）。

图 15.5　无刺巴西含羞草果（付卫东 摄）

【主要危害】种子数量较大，繁殖率高，适应性强，在荒地、路边、林窗、林缘、果园都能旺盛生长；全株含有皂素，有毒，牲畜误食会中毒致死（图 15.6）。

图 15.6　无刺巴西含羞草危害（①②③付卫东 摄，④王忠辉 摄）

【控制措施】加强引种栽培管理。若发现野外逸生种群，应及时清除。

16 光荚含羞草

【学名】光荚含羞草 *Mimosa bimucronata*（DC.）Kuntze 隶属豆科 Fabaceae 含羞草属 *Mimosa*。

【别名】篱边含羞草、簕仔树、光叶含羞草。

【起源】美洲热带地区。

【分布】中国分布于福建、广东、广西、海南、香港及澳门等地。

【入侵时间】20 世纪 50 年代引种到广东中山，1997 年首次在福建采集到该物种标本。

【入侵生境】常生长于废弃果园、村边、路边、沟谷、溪边或丘陵荒坡等生境。

【形态特征】多年生灌木，植株高 3 ~ 6 m（图 16.1）。

图 16.1 光荚含羞草植株
（①王忠辉 摄，
②张国良 摄）

16 光荚含羞草

茎 多有刺，小枝密被黄色茸毛（图 16.2）。

图 16.2 光荚含羞草茎（王忠辉 摄）

农业主要外来入侵植物图谱（第四辑）

叶 二回羽状复叶，羽片 6 ～ 7 对，长 2 ～ 6 cm，叶轴无刺，被短柔毛；小叶 12 ～ 16 对，线形，长 5 ～ 7 mm，宽 1 ～ 1.5 mm，革质，先端具小尖头，除边缘疏具缘毛外，其余无毛，中脉略偏上缘（图 16.3）。

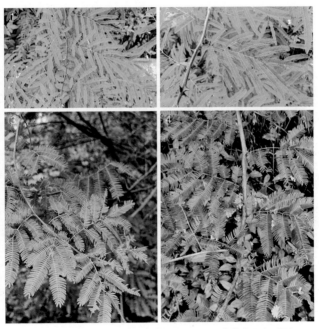

图 16.3　光荚含羞草叶（①②王忠辉 摄，③④张国良 摄）

16 光荚含羞草

花 头状花序球形；花白色；花萼杯状，极小；花瓣长圆形，长约 2 mm，仅基部连合；雄蕊 8，花丝长 4 ～ 5 mm（图 16.4）。

图 16.4　光荚含羞草花（王忠辉 摄）

果 荚果带状，劲直，长 3.5～4.5 cm，宽约 6 mm，无刺毛，褐色，具荚节 5～7 个，成熟时荚节脱落而残留荚缘（图 16.5）。

图 16.5 光荚含羞草果（张国良 摄）

【主要危害】 光荚含羞草具有较强的抗逆性，能在一定的逆境中生长，并且生长迅速、扩散能力较强，具有较强的竞争能力，能在短时间内形成单一优势种群，排挤本地种，影响群落的自然演替。如果任其发展和扩散，将影响本地生态系统，对农田、果园、林场等造成严重威胁。同时，该物种是堆蜡粉蚧、蜡彩蓑蛾幼虫及一种夜蛾幼虫的寄主植物（图 16.6）。

图 16.6　光荚含羞草危害（王忠辉 摄）

【控制措施】 加强植被保护，防止滥毁原生植被，应在裸地、间隙地、路边、住宅旁等及时复植草坪、林木和花卉，阻止入侵物种乘虚而入。

17 刺轴含羞草

【学名】刺轴含羞草 *Mimosa pigra* L. 隶属豆科 Fabaceae
含羞草属 *Mimosa*。

【别名】含羞树、猫爪含
羞草。

【起源】美洲热带地区。

【分布】中国分布于海南、
云南及台湾等地。

【入侵时间】1958 年首次
在云南河口瑶族自治县采
集到该物种标本。

【入侵生境】常生长于海
滩、河边、路边、荒地或
山坡等生境。

【形态特征】多年生草本
植物或灌木，稀为乔木
（图 17.1）。

图 17.1 刺轴含羞草植株
（张国良 摄）

茎 茎疏被毛，具短刺（图 17.2）。

图 17.2 刺轴含羞草茎（张国良 摄）

叶 托叶小，呈钻状；二回羽状复叶，羽片 10 ～ 15 对，很敏感，触之即闭合而下垂，叶轴无腺体；但在每对小羽片之间的近轴面着生 1 枚长刺，侧轴面着生 1 枚短刺；小叶 49 ～ 53 对，线形至线状长圆形，长 4 ～ 11 mm，宽 0.8 ～ 1.5 mm，顶端渐尖，基部钝圆，上面光滑，具缘毛（图 17.3）。

图 17.3　刺轴含羞草叶（张国良　摄）

17 刺轴含羞草

花 头状花序，1～3个，腋生或顶生呈总状；总花梗长1.5～3.5 cm，被伏贴向上的毛；花小，两性或杂性，4～5朵，粉红色；花萼呈钟状，具短裂齿；花瓣下部合生；雄蕊与花瓣同数或为花瓣数的2倍，分离，伸出花冠之外，花丝为紫红色至苍白色，花药顶端无腺体；子房无柄或有柄，胚珠2至多数。

果 荚果4～6个簇生，长4～8 cm，宽1～1.2 cm，长椭圆形或线形，扁平，直或略弯曲，具荚节3～6个，荚节脱落后具长刺毛的荚缘宿存在果柄上；种子卵形或圆形，扁平（图17.4）。

图 17.4　刺轴含羞草果（张国良　摄）

【主要危害】 刺轴含羞草是世界危害最严重的 100 种入侵生物之一。刺轴含羞草常发生在洪泛区和季节性湿地周围，形成致密单一的灌丛，阻塞水流，影响农田灌溉，明显改变自然景观和生物多样性。全株长满钩刺，给生产管理带来不便。一旦扩散，很难清除（图 17.5）。

图 17.5　刺轴含羞草危害（张国良　摄）

【控制措施】 严格控制引种栽培。检疫部门应对刺轴含羞草进行检疫，防止其入侵。若发现野外逸生植株，应及时清除，防止其进一步蔓延。

【学名】含羞草决明 *Chamaecrista mimosoides*（L.）Greene.
隶属豆科 Fabaceae 山扁豆属 *Chamaecrista*（图 18.1）。

【别名】山扁豆、决明子等。

【起源】美洲热带地区。

【分布】中国分布于福建、江西、广东、广西、海南、贵州、云南及台湾等地。

【入侵时间】《救荒本草》有记载。可能先引种到华南地

图 18.1　含羞草决明植株（王忠辉　摄）

区栽培，1939 年首次在云南采集到该物种标本。

【入侵生境】喜热、喜光，常生长于农田、路边、旷野、林缘、果园、荒地或苗圃等生境。

【形态特征】一年生或多年生亚灌木状草本植物，植株高 30～60 cm。

茎 多分枝，枝条纤细，被微柔毛，茎有时匍匐（图 18.2）。

图 18.2　含羞草决明茎（王忠辉　摄）

18 含羞草决明

叶 偶数羽状复叶，长 4 ~ 10 cm，在叶柄基部之上和最下面 1 对小叶之下有 1 圆盘状腺体；小叶 20 ~ 60 对，线形，长 3 ~ 4 mm，宽 1 mm，全缘，基部圆，偏斜；托叶线状锥形，长 4 ~ 7 mm，有明显肋条，宿存（图 18.3）。

图 18.3　含羞草决明叶（王忠辉　摄）

花 花腋生，长约 6 mm，单生或 2 至数朵排列成短总状花序；裂片 5，分离，披针形，疏被黄色毛；花瓣黄色，5 片，不等大，全部具短爪，稍长于花萼；雄蕊 10，5 长 5 短相间而生。

果 荚果扁平，线形，长 4～6 cm，宽 4～5 mm，被柔毛；果柄长 1.5～2 cm；种子 10～25 粒（图 18.4）。

图 18.4 含羞草决明果（王忠辉 摄）

【主要危害】为农田、路边、草场杂草，影响本土植物生长，降低入侵地的生物多样性（图 18.5）。

图 18.5　含羞草决明危害（王忠辉 摄）

【控制措施】控制引种。可以选择草甘膦、草胺膦等除草剂防除。

19 距瓣豆

【学名】距瓣豆 *Centrosema pubescens* Benth. 隶属豆科 Fabaceae 距瓣豆属 *Centrosema*。

【别名】蝴蝶豆、山珠豆。

【起源】中美洲和南美洲。

【分布】中国分布于江苏、福建、河南、广东、海南、云南及台湾等地。

【入侵时间】1957 年引种到广东。

【入侵生境】耐旱、较耐阴，常生长于路边或农田等生境。

【形态特征】多年生草质藤本植物（图 19.1）。

图 19.1　距瓣豆植株（付卫东　摄）

19 距瓣豆

茎 茎纤细，疏被柔毛（图 19.2）。

图 19.2　距瓣豆茎（付卫东 摄）

叶 羽状叶具小叶 3 片；托叶卵形至卵状披针形，长 2～3 mm，具纵纹，宿存；叶柄长 2.5～6 cm；小叶薄纸质，顶生小叶椭圆形、长圆形或近卵形，长 4～7 cm，宽 2.5～5 cm，先端急尖或短渐尖，基部钝或圆，两面薄被柔毛；侧脉纤细，每边 5～6 条，近边缘处联结；侧生小叶略小，稍偏斜；小托叶小，刚毛状；小叶柄短，长 1～2 mm，但顶生小叶柄较长（图 19.3）。

图 19.3　距瓣豆叶（付卫东 摄）

19 距瓣豆

花 总状花序，腋生；总花梗长 2.5～7 cm；苞片与托叶相仿；小苞片宽卵形至宽椭圆形，具明显线纹，与花萼贴生，比苞片大；花 2～4 朵，常密集于花序顶部；花萼 5 齿裂，上部 2 枚多少合生，下部 1 枚最长，线形；花冠淡紫红色，长 2～3 cm，旗瓣宽圆形，背面密被柔毛，近基部具 1 短距，翼瓣镰状倒卵形，一侧具下弯的耳，龙骨瓣宽而内弯，近半圆形，各瓣具短瓣柄；二体雄蕊（图 19.4）。

图 19.4 距瓣豆花（付卫东 摄）

果 荚果线形，长 7～13 cm，宽约 5 mm，扁平，先端渐尖，具直而细长的喙，喙长 10～15 mm，果瓣近背腹两缝线均凸起呈脊状；种子 7～15 粒，长椭圆形，无种阜，种脐小（图 19.5）。

图 19.5　距瓣豆果（付卫东 摄）

【主要危害】侵占栖息地，影响原生植被生长，危害当地生态平衡和生物多样性。

【控制措施】加强引种栽培管理，防止扩散、逃逸。

20 木豆

【学名】木豆 *Cajanus cajan*（L.）Mill. 隶属豆科 Fabaceae 木豆属 *Cajanus*。

【别名】三叶豆、树豆。

【起源】印度。

【分布】中国分布于福建、江西、广东、广西、海南、四川、贵州、云南及台湾等地。

【入侵时间】大约 500 年前从印度传入中国。1910 年首次在广东采集到该物种标本。

【入侵生境】喜温，耐干旱、耐贫瘠，对土壤要求不严，常生长于山坡、路边或荒地等生境。

【形态特征】多年生直立灌木，植株高 1～3 m（图 20.1）。

图 20.1　木豆植株（王忠辉　摄）

茎 多分枝，小枝有明显纵棱，被灰色短柔毛（图 20.2）。

图 20.2 木豆茎（王忠辉 摄）

20 木豆

叶 羽状叶具小叶 3 片，披针形，长 5 ～ 10 cm，宽 1 ～ 3.5 cm，先端渐尖，两面均被毛，下面具不明显的黄色腺点（图 20.3）。

图 20.3　木豆叶（王忠辉　摄）

花 总状花序，腋生，长3～7 cm；花萼钟形，萼齿5，披针形，内外被短柔毛并具腺点；花冠黄红色，长约1.8 cm，旗瓣背面有紫褐色纵线纹，基部有附属体；雄蕊二体（图20.4）。

图20.4 木豆花（王忠辉 摄）

果 荚果条形，略扁，长4～7 cm，被黄色柔毛，果瓣在种子间有凹陷的斜槽；种子3～5粒，近圆形，种皮暗红色，有时有褐色斑点。

【主要危害】降低入侵地的生物多样性，影响景观。

【控制措施】引种栽培时应加强管理，谨防其繁殖成灾，破坏原有的生态环境。

圭亚那笔花豆

【学名】圭亚那笔花豆 *Stylosanthes guianensis*（Aubl.）Sw. 隶属豆科 Fabaceae 笔花豆属 *Stylosanthes*。

【别名】巴西苜蓿、热带苜蓿。

【起源】美洲热带地区。

【分布】中国分布于浙江、广东、广西、海南、云南、香港及台湾等地。

【入侵时间】自 20 世纪 60 年代开始先后引种到广东、广西等地栽培。

【入侵生境】喜高温、多雨、潮湿气候，耐酸性土壤、耐贫瘠、耐旱，常生长于路边、荒地、草地或山坡等生境。

【形态特征】多年生草本植物或亚灌木，植株高 0.6 ~ 1 m（图 21.1）。

图 21.1　圭亚那笔花豆植株
（张国良　摄）

根 主根明显，根系发达，深达 2 m，多集中在 20 cm 的土层中。

茎 茎直立，无毛或疏被柔毛（图 21.2）。

图 21.2 圭亚那笔花豆茎（张国良 摄）

叶 复叶具小叶 3 片；托叶鞘状，长 0.4～2.5 cm；叶柄和叶轴长 0.2～1.2 cm；小叶卵形、椭圆形或披针形，长 0.5～3（4.5）cm，宽 0.2～1（2）cm，先端钝急尖，基部楔形，无毛或疏被柔毛或刚毛，边缘有时具小刺状齿；无小托叶，小叶柄长 1 mm（图 21.3）。

图 21.3 圭亚那笔花豆叶（张国良 摄）

花 花序长 1～1.5 cm，具密集的花 2～40 朵；初生苞片长 1～2.2 cm，密被伸展长刚毛，次生苞片长 2.5～5.5 mm，宽 0.8 mm，小苞片长 2～4.5 mm；花托长 4～8 mm；花萼管椭圆形或长圆形，长 3～5 mm，宽 1～1.5 mm；旗瓣橙黄色，具红色细脉纹，长 4～8 mm，宽 3～5 mm（图 21.4）。

图 21.4　圭亚那笔花豆花（张国良　摄）

21 圭亚那笔花豆

果 荚果具荚节1个，卵形，长2～3 mm，宽1.8 mm，无毛或近顶端被短柔毛，喙很小，长0.1～0.5 mm，内弯；种子灰褐色，扁椭圆形，近种脐具喙或尖头，长2.2 mm，宽1.5 mm（图21.5）。

图21.5 圭亚那笔花豆果（张国良 摄）

【主要危害】为优良牧草，可作绿肥、覆盖植物，在引种栽培地逃逸为野生种群。由于枝叶繁茂，郁闭度较大，能抑制其他植物的生长。东南沿海地区危害较为严重，已成为舟山群岛最为严重的外来植物，广东东北部、福建西北部也有发生。自我繁殖力强，种子出苗时间间隔较长，可以不断地更新种群。

【控制措施】加强引种栽培过程的监管，特别是潜在分布区的栽培管理，防止逃逸。

22 斑地锦

【学名】斑地锦 *Euphorbia maculata* L. 隶属大戟科 Euphorbiaceae 大戟属 *Euphorbia*（图 22.1）。

【别名】斑地锦草。

【起源】加拿大和美国。

【分布】中国分布于北京、天津、河北、辽宁、上海、安徽、江苏、浙江、福建、山东、河南、湖北、湖南、

图 22.1　斑地锦植株（张国良 摄）

江西、广东、广西、海南、重庆、四川、贵州、陕西、新疆及台湾。

【入侵时间】《湖北植物志》（1979年）和《江苏植物志》（1982年）有记载。1914年首次采集到该物种标本，采集地不详；1933年分别在上海、江苏采集到该物种标本。

【入侵生境】常生长于路边、湿地、草地、农田、草坪、墙角、砖缝、荒地或公园绿地等生境。

【形态特征】一年生草本植物。

根 根纤细，长4～7 cm，直径约2 mm。

茎 茎匍匐，长10～17 cm，直径约1 mm，疏被白色柔毛（图22.2）。

图22.2 斑地锦茎（张国良 摄）

叶 叶对生；叶片长椭圆形至肾状长圆形，长 6～12 mm，宽 2～4 mm，先端钝，基部偏斜，不对称，略呈渐圆形，边缘中部以下全缘，中部以上常具细小疏锯齿；叶正面绿色，中部常有 1 个长圆形的紫色斑点，叶背面淡绿色或灰绿色，新鲜时可见紫色斑，干时不清楚，两面无毛；叶柄极短，长约 1 mm；托叶钻状，不分裂，边缘具睫毛（图 22.3）。

图 22.3　斑地锦叶（张国良 摄）

22 斑地锦

花 花序单生于叶腋，基部具短柄，柄长 1～2 mm；总苞狭杯状，高 0.7～1 mm，直径约 0.5 mm，外部疏被白色柔毛，边缘 5 裂，裂片三角状圆形；腺体 4，黄绿色，横椭圆形，边缘具白色附属物；雄花 4～5 枚，微伸出总苞外；雌花 1 枚，子房柄伸出总苞外，疏被柔毛，花柱短，近基部合生，柱头 2 裂（图 22.4）。

图 22.4 斑地锦花（张国良 摄）

果 蒴果三角状卵形，长约 2 mm，直径约 2 mm，疏被柔毛，成熟时易分裂为 3 个分果爿；种子卵状四棱形，长约 1 mm，直径约 0.7 mm，灰色或灰棕色，每个棱面具 2～4 条横纹，无种阜（图 22.5）。

图 22.5　斑地锦果（张国良　摄）

22 斑地锦

【主要危害】为花生等旱作物田间杂草，也是苗圃、草坪常见杂草，若不及时拔除，容易蔓延；全株有毒（图22.6）。

图22.6 斑地锦危害（张国良 摄）

【控制措施】加强对进口种子的检疫。若在入侵地发现野外种群，可以在开花前人工拔除。

23 匍匐大戟

【学名】匍匐大戟 *Euphorbia prostrata* Ait. 隶属大戟科 Euphorbiaceae 大戟属 *Euphorbia*（图 23.1）。

【别名】铺地草。

【起源】美洲热带和亚热带地区。

【分布】中国分布于北京、河北、上海、江苏、福建、

图 23.1　匍匐大戟植株（张国良　摄）

山东、湖北、湖南、江西、广东、广西、海南、四川、云南、甘肃、香港、澳门及台湾。

【入侵时间】《广州植物志》（1956 年）有记载。1921 年首次在广东潮州采集到该物种标本。

【入侵生境】常生长于路边、住宅旁、荒地或灌丛等生境。

【形态特征】一年生草本植物。

根 根纤细，长 7 ～ 9 cm。

茎 茎匍匐，非肉质，无主茎，自基部多分枝，长 15 ～ 19 cm，淡红色或红色，少数为绿色或淡黄绿色，被少许短柔毛（图 23.2）。

图 23.2 匍匐大戟茎（张国良 摄）

叶 叶对生；叶片椭圆形至倒卵形，长 3 ~ 7（8）mm，宽 2 ~ 4（5）mm，先端圆，基部偏斜，不对称，边缘全缘或具不规则的细锯齿；叶正面绿色，叶背面有时略呈淡红色或红色；叶柄极短或近无；托叶长三角形，易脱落（图 23.3）。

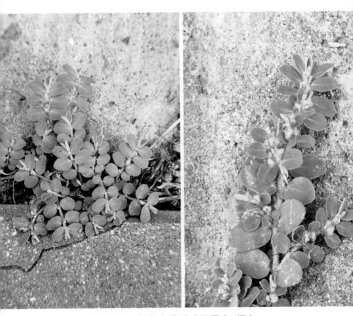

图 23.3 匍匐大戟叶（张国良 摄）

23 匍匐大戟

花 杯状聚伞花序，单生于叶腋，偶见数个簇生于小枝顶端，具 2～3 mm 长的柄；总苞陀螺状，高约 1 mm，直径约 1 mm，通常无毛，疏被柔毛，边缘 5 裂，裂片三角形或半圆形；腺体 4 枚，具极窄的白色附属物；雄花数枚，不伸出总苞外；雌花 1 枚，子房柄较长，成熟时完全伸出总苞之外并向下弯曲呈 "U" 形，子房于脊上疏被较直的柔毛，花柱 3，近基部合生，柱头 2 裂（图 23.4）。

图 23.4　匍匐大戟花（张国良 摄）

果 蒴果三棱状，长约 1.5 mm，直径约 1.4 mm，除果枝上疏被柔毛外，其他无毛；种子卵状四棱形，长约 0.9 mm，直径约 0.5 mm，黄色，每个棱面上有 6～7 个横沟，无种阜。

【主要危害】为秋收旱作物田、路边、住宅旁杂草，产生危害，影响入侵地生物多样性（图 23.5）。

 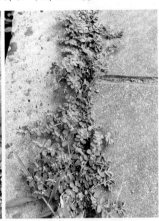

图 23.5 匍匐大戟危害（张国良 摄）

【控制措施】在种子成熟前，可以及时铲除植株；在果熟期可以采用控制种子脱落的方法来达到防控目的。也可以选择氨氟乐灵、噁草灵、2 甲 4 氯和草甘膦等除草剂防除。

24 火殃簕

图 24.1　火殃簕植株
（王忠辉　摄）

【学名】火殃簕 *Euphorbia antiquorum* L. 隶属大戟科 Euphorbiaceae 大戟属 *Euphorbia*。

【别名】火殃勒、霸王鞭、龙骨树、肉麒麟。

【起源】印度。

【分布】中国分布于天津、江苏、安徽、福建、湖北、湖南、江西、广东、广西、海南、重庆、四川、贵州、云南、西藏、陕西、香港及澳门。

【入侵时间】20 世纪 20 年代以前引种到中国，《广州植物志》（1956 年）和《海南植物志》（1965 年）有记载。1929 年首次在广东采集到该物种标本。

【入侵生境】耐旱、耐高温，不耐寒，喜干燥土壤，常生长于路边、荒地或住宅旁等生境。

【形态特征】多年生肉质灌木状小乔木，植株高 3～5（8）m（图 24.1）。

茎 茎具 3～4 棱，直径 5～7 cm，上部多分枝；棱脊 3 条，薄而隆起，高 1～2 cm，厚 3～5 mm，边缘具明显的三角状齿，齿间距离约 1 cm；髓三棱状，糠质（图 24.2）。

图 24.2　火殃簕茎（王忠辉 摄）

图 24.3　火殃簕叶（王忠辉　摄）

叶 叶互生于齿尖，少而稀疏，着生于嫩枝顶部；叶片倒卵形或倒卵状长圆形，长 2～5 cm，宽 1～2 cm，顶端圆，基部渐狭，全缘，两面无毛；叶脉不明显，肉质；叶柄极短；托叶刺状，长 2～5 mm，宿存；苞叶 2 枚，下部结合，紧贴花序，膜质，与花序近等大（图 24.3）。

花 杯状聚伞花序，单生于叶腋，基部具 2～3 mm 长的短柄；总苞阔钟状，高约 3 mm，直径约 5 mm，边缘 5 裂，裂片半圆形，边缘具小齿；腺体 5，全缘；雄花数枚；苞片丝状；雌花 1 枚，花柄较长，常伸出总苞之外；子房柄基部具 3 枚退化的花被片，子房三棱状扁球形，光滑无毛，花柱 3，分离，柱头 2 浅裂。

果 蒴果三棱状扁球形，长 3.4～4 mm，直径 4～5 mm，成熟时分裂为 3 个分果片；种子近球状，长和直径均约为 2 mm，褐黄色，平滑，无种阜（图 24.4）。

图 24.4　火殃簕果（王忠辉 摄）

【主要危害】 植株汁液有剧毒，皮肤接触汁液会引起水泡，误入眼会导致失明；误食会引起严重的呕吐、头晕或昏迷症状。

【控制措施】 勿将植株随意丢弃，若发现野外逸生植株，应及时铲除。

25 绿玉树

【学名】绿玉树 *Euphorbia tirucalli* L. 隶属大戟科 Euphorbiaceae Juss. 大戟属 *Euphorbia*。

【别名】光棍树、绿珊瑚、青珊瑚等。

【起源】安哥拉、印度和斯里兰卡等。

【分布】中国分布于江苏、安徽、福建、浙江、湖北、湖南、江西、广东、广西、海南、重庆、四川、贵州、云南、香港、澳门及台湾。

【入侵时间】1929 年首次在广东中山采集到该物种标本。

【入侵生境】喜温暖气候，喜光，耐半阴、耐干燥，常生长于海滩、住宅旁、铁路边或荒地等生境。

【形态特征】多年生小乔木，植株高 2～6 m（图 25.1）。

图 25.1 绿玉树植株（王忠辉 摄）

农业主要外来入侵植物图谱（第四辑）

茎 茎直径 10 ~ 25 cm，老时灰色或淡灰色，幼时绿色，上部平展或分枝；小枝肉质，具丰富汁液（图 25.2）。

图 25.2　绿玉树茎（王忠辉 摄）

叶 叶互生；长圆状线形，长 7 ～ 15 mm，宽 0.7 ～ 1.5 mm，先端钝，基部渐狭，全缘，无柄或近无柄；着生于当年生嫩枝上，稀疏且很快脱落，由茎进行光合作用，呈无叶状态；总苞叶干膜质，早落（图 25.3）。

图 25.3 绿玉树叶（王忠辉 摄）

花 杯状聚伞花序，密集于枝顶端，基部具柄；总苞陀螺状，高约 2 mm，直径约 1.5 mm，内侧被短柔毛；腺体 5，盾状卵形或近圆形；雄花数枚，伸出总苞之外；雌花 1 枚，子房柄伸出总苞边缘，子房光滑无毛，花柱 3，中部以下合生，柱头 2 裂。

果 蒴果棱状三角形，长和直径均约 8 mm，平滑，略被毛或无毛；种子卵球状，长和直径均约 4 mm，平滑，具微小种阜。

【主要危害】 枝条中的汁液有毒，具有促进肿瘤生长的作用，通过促使人体淋巴细胞色体重排而致癌；刺激皮肤可导致红肿过敏，不慎入眼可导致暂时失明（图 25.4）。

图 25.4 绿玉树危害（王忠辉 摄）

【控制措施】 控制引种，加强引种管理，防止逸生。若发现野外逸生种群，应及时清除。

26 火炬树

【学名】火炬树 *Rhus Typhina* Nutt 隶属漆树科 Anacardiaceae 盐肤木属 *Rhus*（图 26.1）。

【别名】鹿角漆树。

【起源】北美洲。

【分布】中国分布于北京、天津、河北、内蒙古、山西、辽宁、黑龙江、山东、河南、陕西、甘肃、宁夏、青海

图 26.1 火炬树植株（王忠辉 摄）

及新疆等地。

【入侵时间】 1925 年首次采集到该物种标本，采集地不详。1959 年引种到北京植物园，并于 1974 年向全国大力推广种植。

【入侵生境】 喜光，耐寒、耐旱、耐贫瘠、耐水湿、耐盐碱，对土壤适应性强，常生长于河谷、荒地、路边、堤岸或沼泽边缘等生境。

【形态特征】 多年生灌木或小乔木，植株高 10～12 m。

根 根系较浅，横走（图 26.2）。

图 26.2　火炬树根（王忠辉　摄）

26 火炬树

茎 树皮黑褐色，稍具不规则纵裂；枝被灰色茸毛；小枝黄褐色，被黄色长茸毛（图26.3）。

图26.3　火炬树茎（①②张国良　摄，③④王忠辉　摄）

叶 叶互生；奇数羽状复叶，小叶 11～23 片；叶片长圆形至披针形，长 5～12 cm，先端渐尖，边缘具锯齿，基部圆形或广楔形；叶正面绿色，叶背面苍白色，均被茸毛，老后脱落（图 26.4）。

图 26.4　火炬树叶（王忠辉　摄）

26 火炬树

花 花雌雄异株；花序顶生，直立，圆锥花序，长 10 ～ 20 cm，密被茸毛；花淡绿色；雌花花柱具红色刺毛（图 26.5）。

图 26.5 火炬树花（张国良 摄）

果 小核果扁球形，被红色短刺毛，聚生为紧密的火炬形果穗；种子扁圆形，黑褐色，种皮坚硬。

【**主要危害**】火炬树繁殖能力很强。入侵农田肥沃土壤，也危害果园，产生化感物质，抑制邻近植物生长发育，影响农作物（果树）生长，导致农作物（果树）减产；同时降低入侵地物种丰富度，破坏当地生态环境，影响生物多样性。火炬树为漆树科植物，分泌物很多，其中挥发油、树脂和水溶性配糖体等会引起过敏反应，如引起易过敏人群皮肤红肿等；花序大，产生花粉量多，可对花粉过敏人群形成危害（图26.6）。

图 26.6　火炬树危害（张国良 摄）

【控制措施】控制引种，加强引种管理。对于已引种的火炬树，一定要密切关注其扩散、蔓延态势，必要时采取人为控制方法。火炬树根系较浅，其根系主要分布在 20 cm 以上的土层，可以通过挖隔离沟的方法，将其控制在一定范围。若清除火炬树，可以采取水淹的方法。也可以选择农达等除草剂防除。

27 野西瓜苗

【学名】野西瓜苗 *Hibiscus trionum* L. 隶属锦葵科 Malvaceae 木槿属 *Hibiscus*（图 27.1）。

【别名】香铃草、灯笼花、小秋葵、火炮草。

【起源】非洲。

【分布】中国分布于北京、天津、河北、内蒙古、山西、辽宁、吉林、黑龙江、上海、江苏、安徽、浙江、福建、山东、河南、湖北、湖南、江西、广东、广西、海

图 27.1　野西瓜苗植株（付卫东　摄）

南、重庆、四川、贵州、云南、西藏、陕西、宁夏、甘肃、青海、新疆及台湾。

【入侵时间】 14世纪初引种到中国，《救荒本草》有记载。1910年首次在河南焦作采集到该物种标本。

【入侵生境】 喜温暖、湿润、沙质土壤，耐旱、耐寒，适应性强，常生长于沟渠、农田、路边、荒坡、撂荒地、旷野或草场等生境。

【形态特征】 一年生直立或平卧草本植物，植株高25～70 cm。

根 全根粗壮，有分枝，细根发达（图27.2）。

图27.2 野西瓜苗根（付卫东 摄）

茎 茎柔软，被白色星状粗毛（图 27.3）。

图 27.3 野西瓜苗茎（张国良 摄）

27 野西瓜苗

叶 叶二型；下部叶圆形，不分裂；上部叶掌状 3～5 深裂，直径 3～6 cm，中裂片较长，两侧裂片较短，裂片倒卵形至长圆形，羽状全裂，正面疏被粗硬毛或无毛，背面疏被星状粗刺毛；叶柄长 2～4 cm，被星状粗硬毛和星状柔毛；托叶线形，长约 7 mm，被星状粗硬毛（图 27.4）。

图 27.4 野西瓜苗叶（①张国良 摄，②③付卫东 摄）

花 花单生于叶腋，花梗长约 2.5 cm，结果期延长至 4 cm，被星状粗硬毛；小苞片 12 枚，线形，长约 8 mm，被粗长硬毛，基部合生；花萼钟形，淡绿色，长 1.5～2 cm，被粗长硬毛或星状粗长硬毛，裂片 5，膜质，三角形，具纵向紫色条纹，中部以上合生；花冠淡黄色，内面基部紫色，直径 2～3 cm；花瓣 5 片，倒卵形，长约 2 cm，外面疏被极细柔毛；雄蕊长约 5 mm，花丝纤细，长约 3 mm，花药黄色；花柱 5，无毛（图 27.5）。

图 27.5 野西瓜苗花（付卫东 摄）

27 野西瓜苗

果 蒴果长圆状球形，直径约 1 cm，被粗硬毛，分果爿 5 个，果皮薄，黑色；种子肾形，黑色，具腺状突起（图 27.6）。

图 27.6　野西瓜苗果（付卫东 摄）

【主要危害】 常见农田杂草，多生长在旱作物田、果园，竞争水分和养分，导致农作物减产（图 27.7）。

图 27.7 野西瓜苗危害（付卫东 摄）

【控制措施】 精选农作物种子，防止无意夹带和混入。对于逸生种群应在开花结实前及时铲除，防止其种子成熟后进一步蔓延。

28 苘麻

【学名】苘麻 *Abutilon theophrasti* Medikus 隶属锦葵科 Malvaceae 苘麻属 *Abutilon*（图 28.1）。

【别名】车轮草、桐麻、白麻、青麻、塘麻等。

【起源】印度。

【分布】中国除西藏外各地均有分布。

【入侵时间】《说文解字》（公元 100—121 年）有记载。

图 28.1　苘麻植株（①张国良 摄，②王忠辉 摄）

1915年首次在安徽采集到该物种标本。

【入侵生境】常生长于旱作物田、荒地、路边、山坡、农田或堤边等生境。

【形态特征】一年生亚灌木状直立草本植物，植株高30～150 cm。

根 主根明显，有分枝，细根发达（图28.2）。

图28.2　苘麻根（王忠辉　摄）

28 苘麻

茎 茎直立，绿色，上部多分枝，全株密被柔毛和星状毛（图 28.3）。

图 28.3　苘麻茎（王忠辉　摄）

农业主要外来入侵植物图谱（第四辑）

叶 叶互生；叶片圆心形，长 3 ～ 12 cm，先端长渐尖，基部心形，具细圆锯齿，两面密被星状柔毛；叶柄长 3 ～ 12 cm，被星状柔毛；托叶披针形，早落（图 28.4）。

图 28.4　苘麻叶（①张国良　摄，②③王忠辉　摄）

28 苘麻

花 花单生于叶腋；花梗长 0.5 ~ 3 cm，被柔毛，近顶端具节；花萼杯状，密被茸毛，裂片 5，卵状披针形，长约 6 mm；花冠黄色，花瓣 5，倒卵形，长约 1 cm；雄蕊无毛；心皮 15 ~ 20，顶端平截，轮状排列，密被茸毛（图 28.5）。

图 28.5 苘麻花（①张国良 摄，②③④王忠辉 摄）

果 蒴果半球形，直径约 2 cm，长约 1.2 cm，分果片 15～20 个，被粗毛，顶端具长芒 2；种子肾形，褐色，被星状柔毛（图 28.6）。

图 28.6 苘麻果（王忠辉 摄）

【**主要危害**】常见杂草，主要危害棉花、豆类、薯类、瓜类、蔬菜、果树等（图 28.7）。

图 28.7　苘麻危害（王忠辉　摄）

【控制措施】在农作物幼苗期，可以选择百草敌、都尔、莠去津、阔叶净、苯达松等除草剂防除；在农作物生长中后期，人工拔除或中耕除草，要防止种子散落，在落籽前清除。

29 黄花稔

【学名】黄花稔 *Sida acuta* N. L. Burm. 隶属锦葵科 Malvaceae 黄花稔属 *Sida*。

【别名】扫把麻。

【起源】美洲热带地区。

【分布】中国分布于福建、湖北、湖南、广东、广西、海南、云南、香港、澳门及台湾等地。

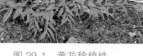

图 29.1 黄花稔植株
（王忠辉 摄）

【入侵时间】《广州植物志》（1956 年）有记载。1904 年首次在中国台湾采集到该物种标本，1917 年在广州有采集记录。

【入侵生境】常生长于山坡灌丛、路边或荒坡等生境。

【形态特征】直立亚灌木状草本植物，植株高 1 ~ 2 m（图 29.1）。

茎 分枝多，小枝被柔毛至近无毛（图 29.2）。

图 29.2　黄花稔茎（①②付卫东 摄，③④王忠辉 摄）

29 黄花稔

叶 叶片披针形，长 2～5 cm，宽 0.4～1 cm，先端短尖或渐尖，基部圆或钝，具锯齿，两面均无毛或疏被星状柔毛，正面偶被单毛；叶柄长 3～6 mm，疏被柔毛；托叶披针形，与叶柄近等长，宿存（图 29.3）。

图 29.3　黄花稔叶（①②③王忠辉　摄，④付卫东　摄）

花 花单生或成对着生于叶腋；花梗长 4～12 mm，被柔毛，中部具节；花萼浅杯状，无毛，长约 6 mm，下半部合生，裂片 5，尾状渐尖；花冠黄色，直径 8～10 mm；花瓣倒卵形，先端圆，基部狭长 6～7 mm，被纤毛；雄蕊长约 4 mm，疏被硬毛（图 29.4）。

图 29.4　黄花稔花（张国良　摄）

果 分果近圆球形，分果片6~7个，长约3.5 mm，顶端具2枚短芒，果皮具网状皱纹（图29.5）。

图 29.5 黄花稔果（王忠辉 摄）

【主要危害】 该种虽然还没有造成大的危害，但对入侵地的生物多样性有一定影响（图 29.6）。

图 29.6　黄花稔危害（王忠辉　摄）

【控制措施】 若发现野外逸生种群，应及时清除。

【学名】番石榴 *Psidium guajava* L. 隶属桃金娘科 Myrtaceae 番石榴属 *Psidium*。

【别名】芭乐、鸡屎果、拔子、喇叭番石榴。

【起源】南美洲。

【分布】中国分布于福建、江西、广东、广西、海南、云南、香港及台湾等地。

【入侵时间】1694 年引种到中国台湾栽培,《南越笔记》（1777 年）有记载。

【入侵生境】喜排水良好的砂质壤土、黏壤土,常生长于河谷、荒地或低丘陵等生境。

【形态特征】多年生灌木或小乔木,植株高可达 13 m（图 30.1）。

图 30.1 番石榴植株（王忠辉 摄）

茎 树皮平滑，灰色，片状剥落；嫩枝有棱，被毛（图 30.2）。

图 30.2　番石榴茎（王忠辉　摄）

30 番石榴

叶片革质，长圆形至椭圆形，长 6～12 cm，宽 3.5～6 cm，先端急尖或钝，基部近圆形，正面稍粗糙，背面被毛，侧脉 12～15 对，下陷，网脉明显；叶柄长 5 mm（图 30.3）。

图 30.3　番石榴叶（王忠辉　摄）

花 花单生或2～3朵组成聚伞花序；萼管钟形，长5 mm，被毛，萼帽近圆形，长7～8 mm，不规则裂开；花瓣长1～1.4 cm，白色；雄蕊长6～9 mm；子房下位，与花萼合生，花柱与雄蕊等长（图30.4）。

图30.4　番石榴花（王忠辉　摄）

30 番石榴

果 浆果球形、卵圆形或梨形，长 3～8 cm，顶端有宿存萼片，果肉白色及黄色，胎座肥大，肉质，淡红色；种子多数（图 30.5）。

图 30.5 番石榴果（王忠辉 摄）

【主要危害】逃逸为野生种群，易形成优势群落，排挤本地物种，在国内危害尚不明显，但在国外已被多个国家列为入侵物种。例如在新西兰，其被认为是潜在的杂草；在加拉帕戈斯群岛，被列为首批入侵植物的物种之一。

【控制措施】控制引种并加强管理。可以将野生种群清除后替代种植树木或经济植物。

31 长毛月见草

【学名】长毛月见草 *Oenothera villosa* Thunb. 隶属柳叶菜科 Onagraceae 月见草属 *Oenothera*。

【起源】北美洲。

【分布】中国分布于北京、天津、河北、辽宁、吉林、黑龙江、上海、山东、四川、云南及台湾等地。

【入侵时间】1957 年首次在吉林长白山采集到该物种标本，此后，在黑龙江、辽宁、山东、北京、云南等地也有采集记录。

【入侵生境】常生长于旷野、农田、荒地或沟边等生境。

【形态特征】二年生草本植物，植株高 50 ～ 200 cm（图 31.1）。

图 31.1 长毛月见草植株
（付卫东 摄）

31 长毛月见草

根 主根粗大。

根 主根粗大。

茎 茎直立，直径 5 ～ 20 mm，密被伏贴曲柔毛与长柔毛（图 31.2）。

图 31.2 长毛月见草茎（付卫东 摄）

叶 基生叶莲座状，倒狭披针形，长 15～30 cm，宽 1.5～4 cm，先端锐尖，基部渐狭，边缘具明显浅齿，侧脉 10～13 对，淡绿色，有时淡红色，两面被伏贴曲柔毛与长柔毛，叶柄长 1.5～2.5 cm；茎生叶暗绿色或灰绿色，自下而上由大变小，倒披针形至椭圆形，先端锐尖，基部楔形，边缘具浅齿，有时具浅波状齿，侧脉 10～12 对，两面尤其背面脉上被伏贴曲柔毛与长柔毛，叶柄自下而上变短，长 0～8 mm（图 31.3）。

图 31.3 长毛月见草叶（付卫东 摄）

花 花序穗状，着生于茎顶端；苞片披针形至狭椭圆形或卵形，长过花蕾，长 2～7 cm，宽 0.7～2 cm，先端锐尖，基部宽楔形或钝圆形；花蕾锥状圆柱形，长 1～2 cm，直径 3～5 mm，顶端具长 1～3 mm 的喙（图 31.4）；花管淡黄色或红色，长 2.5～4.2 cm，直径约 1 mm，密被伏贴曲柔毛，疏被伸展或伏贴长柔毛，有时混被稀疏腺毛；萼片绿色至黄绿色，披针形，长 1～1.8 cm，宽 2.5～4.5 mm，被毛；花瓣黄色或淡黄色，宽倒卵形，长 1～2 cm，宽 2～2.2 cm，先端

图 31.4　长毛月见草花（付卫东 摄）

微凹缺；花丝长 7 ~ 15 mm，花药长 5 ~ 10 mm，花粉约 50% 发育；子房长 0.7 ~ 1.5 cm，密被曲柔毛与伏贴或伸展长柔毛，花柱长 3 ~ 5 cm，伸出花管部分长 0.4 ~ 1.4 cm，柱头围以花药，裂片长 3 ~ 9 mm。

果 蒴果圆柱状，向上渐变狭，长 2 ~ 4 cm，直径 5 ~ 6 mm，被毛同子房，但较稀疏，灰绿色至暗绿色，具红色条纹与淡绿色脉纹，裂片顶端直立；种子短楔形，长 1 ~ 2 mm，直径 0.5 ~ 1.2 mm，深褐色，具棱角，各面具不整齐注点（图 31.5）。

图 31.5 长毛月见草果（付卫东 摄）

31 长毛月见草

【**主要危害**】具有较高的入侵性，破坏水土，排挤本地种，影响畜牧业生产和农业种植（图 31.6）。

图 31.6　长毛月见草危害（付卫东 摄）

【**控制措施**】谨慎引种和栽培利用。若发现野外逸生种群，应及时清除。

32 欧洲夹竹桃

【学名】欧洲夹竹桃 *Nerium oleander* L. 隶属夹竹桃科 Apocynaceae 夹竹桃属 *Nerium*。

【别名】夹竹桃、红花夹竹桃。

【起源】地中海地区。

【分布】中国分布于江苏、福建、湖南、江西、广东、广西、四川、贵州及云南等地。

【入侵时间】元朝李衎撰《竹谱》有记载。

【入侵生境】不耐旱，常生长于农田、路边、河岸或湖畔等生境。

【形态特征】多年生常绿灌木，植株高可达 5 m（图 32.1）。

图 32.1 欧洲夹竹桃植株（王忠辉 摄）

茎 茎直立，枝条灰绿色，含汁液；嫩枝条具棱，被微毛，老时毛脱落（图 32.2）。

图 32.2 欧洲夹竹桃茎（王忠辉 摄）

叶 叶3～4片轮生，叶正面深绿色，叶背面浅绿色，中脉在叶面陷入，叶柄扁平（图32.3）。

图32.3　欧洲夹竹桃叶（①付卫东 摄，②③④王忠辉 摄）

32 欧洲夹竹桃

花 聚伞花序，顶生，花冠深红色或粉红色，花冠为单瓣，呈 5 裂时，其花冠为漏斗状（图 32.4）。

图 32.4 欧洲夹竹桃花（王忠辉 摄）

果 蓇葖果长圆形，两端较窄，绿色，无毛，具细纵条纹；种子长圆形，基部较窄，顶端钝，褐色。

【主要危害】挤占本地物种生存空间，通过化感作用，抑制其他植物生长，危害当地生态环境；叶、树皮、根、花、种子均含有多种糖体，毒性极强，人类和牲畜误食能致死。

【控制措施】谨慎引种。若发现野外逸生种群，应及时人工或机械铲除。

33 裂叶牵牛

图 33.1 裂叶牵牛植株
（付卫东 摄）

【学名】裂叶牵牛 *Ipomoea hederacea* Jacq. 隶属旋花科 Convolvulaceae 番薯属 *Ipomoea*。

【别名】牵牛。

【起源】美洲热带地区。

【分布】中国分布于北京、河北、山西、辽宁、上海、安徽、福建、浙江、山东、河南、湖南、江西、广东及广西等地。

【入侵时间】《华北经济植物志要》（1953 年）有记载。1925 年首次在辽宁旅顺口采集到该物种标本。

【入侵生境】常生长于农田、路边、河谷、住宅旁、果园、山坡或苗圃等生境。

【形态特征】一年生缠绕草本植物，全株被粗硬毛（图 33.1）。

茎 茎缠绕，分枝（图 33.2）。

图 33.2　裂叶牵牛茎（付卫东　摄）

33 裂叶牵牛

叶 叶互生；叶片心状卵形，全缘或3～5裂，长4～
15 cm，中裂片卵圆形，侧裂片三角形，裂口弧形内凹；
叶柄长2～15 cm（图33.3）。

图 33.3 裂叶牵牛叶（付卫东 摄）

花 花序具花1～3朵，总花梗长2.5～5 cm；苞片2片，披针形；萼片近等长，长1.5～1.8 cm，披针形，先端向外翻卷，内面2片稍狭，外面被开展的刚毛，基部更密；花冠漏斗状，长5～8 cm，蓝紫色或紫红色，花冠管颜色淡；雄蕊5，藏于花柱内，不等长，花丝基部被柔毛；子房无毛，3室，柱头头状（图33.4）。

图33.4 裂叶牵牛花（付卫东 摄）

果 蒴果球形，3 瓣裂；种子卵状三棱形，长约 5 mm，黑色或黑褐色，表面粗糙（图 33.5）。

图 33.5　裂叶牵牛果（付卫东 摄）

【**主要危害**】为城市常见杂草，有时危害草坪和灌丛（图 33.6）。

图 33.6 裂叶牵牛危害（付卫东 摄）

【**控制措施**】在幼苗期时，人工铲除；在果实成熟前，将茎割断。也可以选择 2 甲 4 氯等除草剂防除。

34 短柄吊球草

图 34.1 短柄吊球草植株（付卫东 摄）

【学名】短柄吊球草 *Hyptis brevipes* Poit. 隶属唇形科 Lamiaceae 山香属 *Hyptis*。

【起源】墨西哥。

【分布】中国分布于广东、海南及台湾等地。

【入侵时间】1925 年首次在中国台湾南投采集到该物种标本。

【入侵生境】常生长于荒地、果园、茶园、橡胶园、路边或草地等生境。

【形态特征】一年生草本植物，植株高 50～100 cm（图 34.1）。

茎 茎直立，粗壮，四棱形，具槽，沿棱疏被伏贴向上柔毛（图34.2）。

图 34.2　短柄吊球草茎（付卫东 摄）

34 短柄吊球草

叶 叶片卵状长圆形或披针形，长 5～7 cm，宽 1.5～2 cm，上部叶较小，先端渐尖，基部狭楔形，边缘锯齿状，纸质，正面蓝绿色，背面较淡，两面均疏被具节柔毛；叶柄长约 0.5 cm，疏被柔毛（图 34.3）。

图 34.3 短柄吊球草叶（付卫东 摄）

花 头状花序，腋生，直径约 1 cm，总花梗长 0.5 ~ 1.6 cm，密被伏贴柔毛；苞片披针形或钻形，长 4 ~ 6 mm，全缘，被缘毛；花萼长 2.5 ~ 3 mm，宽约 1.5 mm，果时增大，但仍为近钟形，外面被短硬毛，萼齿 5，长约占花萼长的 1/2，锥尖，直伸，疏被缘毛（图 34.4）。

图 34.4　短柄吊球草花（付卫东 摄）

34 短柄吊球草

果 小坚果卵珠形，长约1 mm，宽不及0.5 mm，腹面具棱，深褐色，基部具2白色着生点（图34.5）。

图34.5 短柄吊球草果（付卫东 摄）

【主要危害】现已成为全热带杂草，入侵果园、茶园、橡胶园、路旁和草地。可能扩散的区域为华南、西南热带及亚热带地区。

【控制措施】可以利用深耕、中耕除草等措施在播种前、出苗前及生育期等不同时期除草。也可以选择草甘膦、草丁膦、2甲4氯等除草剂防除。

35 银毛龙葵

【学名】银毛龙葵 *Solanum elaeagnifolium* Cav. 隶属茄科 Solanaceae 茄属 *Solanum*。

【别名】银叶茄。

【起源】北美洲。

【分布】中国分布于山东及台湾等地。

【入侵时间】2002 年在中国台湾被发现，2004 年被列为归化植物；2012 年在山东济南发现，2017 年首次在山东济南采集到该物种标本。

【入侵生境】喜沙砾土地，常生长于草地、荒野、路边、农田或牧场等生境。

【形态特征】多年生半灌木状草本植物，植株高 0.5 ~ 1 m，全株被稠密银白色星状柔毛（图 35.1）。

图 35.1　银毛龙葵植株（张国良　摄

根 主根粗大，侧根多，向外扩展2～3 m。

茎 茎直立，圆柱形，基部木质化，覆盖许多细长橘色直刺，刺长2～5 mm（图35.2）。

图35.2 银毛龙葵茎（张国良 摄）

叶 叶互生；下部叶椭圆状披针形，长 2.5～10 cm，宽 1～2 cm，边缘波状或浅裂，尖端锐尖或钝；上部叶较小，长圆形，全缘；叶柄及叶脉具刺（图 35.3）。

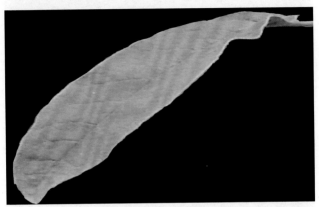

图 35.3　银毛龙葵叶（张国良 摄）

花 总状聚伞花序，具花 1～7 朵，花序梗长达 1 cm，小花梗花期长约 1 cm，果期延长至 2～3 cm；花萼筒长 5～7 mm，5 裂，裂片钻形；花冠蓝色至蓝紫色，偶尔白色，直径约 2.5 cm，有时也可达 4 cm；雄蕊贴生于花冠基部，花丝长 3～4 mm，花粉囊黄色，长 5～9 mm，顶端锥形，顶孔开裂；子房被茸毛，花柱长 10～15 mm（图 35.4）。

图 35.4　银毛龙葵花（张国良　摄）

果 光滑球状浆果，直径 1～1.5 cm，绿色带白色条纹，成熟时黄色带橘色斑点；种子 70～100 粒，轻且圆，平滑，两侧压扁，暗棕色，直径 2.5～4 mm。

【**主要危害**】竞争能力极强，能和众多农作物竞争水分和营养，严重危害棉花、苜蓿、高粱、小麦和玉米等秋熟旱作物及草原、草场，如不采取任何防治措施，可以使玉米减产 64 %、棉花减产 78 %、小麦减产 12 %～50 %；并且这种危害对于沙质土地或者旱季更加严重，如在水分充沛的地区使高粱和棉花分别减产 4 %～10 %、5 %～14 %，在半干旱条件下使棉花减产 75 %。此外，还具有化感作用，对农作物特别是棉花和牧草造成很大的危害。植株各部分，尤其是成熟果实对动物有毒，体内的糖苷生物碱能够毒害人类和牲畜，如牛取食其体重的 0.1 % 即产生中度中毒反应；牛比绵羊易受影响，但山羊不受影响；中毒症状为流涎、鼻音失控、呼吸困难、水肿、颤抖、粪便稀松（图 35.5）。

35 银毛龙葵

图 35.5　银毛龙葵危害（张国良 摄）

【控制措施】种植前，对农田进行深耕，将土壤表层的杂草种子翻至土壤深层，降低种子出苗率，减少危害。对于发生面积小的区域，人工拔除，但在生长季需要进行多次；因其具尖刺，拔除时需要戴手套防护；机械清除需要处理植株的所有部分包括根部。在开花前，可以选择草甘膦、草铵膦、氨氯吡啶酸等除草剂防除。

36 北美刺龙葵

【学名】北美刺龙葵 Solanum carolinense L. 隶属茄科 Solanaceae 茄属 Solanum。

【别名】北美水茄、魔鬼马铃薯、所多马之果。

【起源】北美洲。

【分布】中国分布于北京、上海、江苏、浙江及四川等地。

【入侵时间】1957 年首次在江苏南京中山植物园采集到该物种标本，2006 年在浙江发现。

【入侵生境】常生长于田野、花园、废墟、铁路边或草丛，尤其是具有沙质土壤的生境。

【形态特征】多年生草本植物，植株高 30 ～ 120 cm（图 36.1）。

图 36.1 北美刺龙葵植株
（魏雪苹 摄）

36 北美刺龙葵

根 具长而横走的地下根茎。

茎 茎绿色，老后变为紫色，近顶端分枝，具分散、坚硬、尖锐的刺（图 36.2）。

图 36.2　北美刺龙葵茎（魏雪苹　摄）

叶 叶轮生，叶片椭圆形或卵形，长 1.9 ～ 14.4 cm，宽 0.4 ～ 8 cm；叶片正面绿色，背面浅绿色，两面都很光滑；边缘被短腺毛；中部的导管在正面下凹，在背面呈脊状微突起，沿主脉具尖刺；叶柄上表面扁平，被星形毛（图 36.3）。

图 36.3 北美刺龙葵叶（王忠辉 摄）

花 花朵白色至浅紫色，星形5裂，长约2.5 cm，着生于上部枝条末端和边缘分枝上，丛生，每簇长有数朵小花；萼片长2～7 mm，表面具小刺；花瓣卵形，分裂，直径可达3 cm；花药直立，长6～8 mm（图36.4）。

图 36.4 北美刺龙葵花（魏雪苹 摄）

果 浆果，多汁，球形，直径9～15 mm，光滑，成熟时黄色至橘色，表面有皱纹；种子多数，直径1.5～2.5 mm。

【主要危害】蔓延快、生命力强，适应性广。主要危害种植花卉和蔬菜的花园和果园；也危害茶园、牧场和草地；全株有毒，能引起牲畜中毒；同时也是多种病虫害的中间寄主植物。种子随风扩散，或种子、地下根状茎随农事活动和人类活动扩散。冬季地上部分枯萎后，地下茎可存活并具极强的再生能力（图 36.5）。

图 36.5　北美刺龙葵危害（魏雪苹　摄）

【控制措施】　加强检疫，精选种子。当发生面积小时，可以不断地、严密地刈割，同时将挖出的地下根状茎，彻底晒干以免再次扩散蔓延；或在开花前铲除植株，防止种子的产生。当发生面积大时，在苗期，也可以选择草甘膦、草丁膦等除草剂防除。

37 假烟叶树

【学名】假烟叶树 *Solanum erianthum* D. Don 隶属茄科 Solanaceae 茄属 *Solanum*。

【别名】野烟叶、土烟叶等。

【起源】美洲热带地区。

【分布】中国分布于福建、广东、广西、海南、四川、贵州、云南、香港及台湾等地。

【入侵时间】1857 年首次在福建厦门采集到该物种标本。

【入侵生境】常生长于荒地或荒山灌丛等生境。

【形态特征】多年生灌木或小乔木，植株高 1.5 ～ 10 m（图 37.1）。

图 37.1　假烟叶树植株（①王忠辉 摄，②付卫东 摄）

> **茎** 茎直立，小枝密被白色具簇茸毛（图 37.2）。

图 37.2　假烟叶树茎（①付卫东　摄，②③王忠辉　摄）

叶 叶片卵状长圆形，灰白色，长 10～29 cm，先端短渐尖，基部宽楔形或楔形，背面被较厚毛，全缘或稍波状，侧脉 5～9 对；叶柄长 1.5～5.5 cm（图 37.3）。

图 37.3　假烟叶树叶（①付卫东 摄，②③张国良 摄，④王忠辉 摄）

37 假烟叶树

花 圆锥花序，近顶生，花序梗长 3～10 cm；花白色，直径约 1.5 cm，花梗长 3～5 mm；花萼钟形，直径约 1 cm，5 中裂，萼齿卵形，长约 3 mm，中脉明显；冠檐 5 深裂，裂片长圆形，长 6～7 mm，中肋明显；花药长约为花丝长的 2 倍，顶孔稍向内（图 37.4）。

图 37.4　假烟叶树花（①付卫东 摄，②③王忠辉 摄，④张国良 摄）

果 浆果球形，直径约 1.2 cm，初被星状毛，后渐脱落，黄褐色；种子扁平，直径 1～2 mm（图 37.5）。

图 37.5　假烟叶树果（①张国良 摄，②③王忠辉 摄）

37 假烟叶树

【主要危害】入侵疏林、山坡、荒野，影响景观；全株有毒，果实毒性较大（图 37.6）。

图 37.6 假烟叶树危害（①付卫东 摄，②张国良 摄）

【控制措施】禁止引种栽培。若发现野外逸生种群，应及时拔除或铲除。

【学名】大花曼陀罗 *Datura suaveolens* 隶属茄科 Solana-ceae 曼陀罗属 *Datura*（图 38.1）。

【别名】木本曼陀罗。

【起源】巴西。

【分布】中国分布于上海、福建、广东、云南及台湾

图 38.1　大花曼陀罗植株（付卫东 摄）

等地。

【入侵时间】1910年引种到中国台湾栽培。

【入侵生境】喜温暖、喜光，稍耐阴，不耐严寒，耐贫瘠，常生长于路边或住宅旁等生境。

【形态特征】多年生常绿灌木，植株高1～3 m。

茎 茎粗壮，多分枝，皮孔多而明显，成熟枝干灰白色，嫩枝绿色（图38.2）。

图38.2　大花曼陀罗茎（付卫东　摄）

叶 叶互生；叶片大，卵形、披针形或椭圆形，顶端渐尖或急尖，基部楔形不对称，全缘，微波状或不规则缺齿，两面均被短柔毛；叶柄长约 19 cm（图 38.3）。

图 38.3 大花曼陀罗叶（付卫东 摄）

花 花朵硕大，腋生，下垂；花萼筒形，长 16～20 cm；花冠喇叭状，先端 5 裂，直径约 16 cm，白色和粉红色；雄蕊 5；子房 2 室（图 38.4）。

图 38.4 大花曼陀罗花（付卫东 摄）

果 蒴果，圆筒状锥形。

【主要危害】作为观赏植物或药用植物引种栽培；全株均含生物碱，对牲畜有毒。

【控制措施】一般可以采用人工拔除的方法，或选择草甘膦等除草剂防除；严禁作为观赏植物引种栽培。

39 炮仗花

【学名】炮仗花 *Pyrostegia venusta* (Ker-Gawl.) Miers 隶属紫葳科 Bignoniaceae 炮仗花属 *Pyrostegia*。

【别名】鞭炮花、炮仗红、黄鳝藤、火焰藤、黄金珊瑚。

【起源】南美洲（巴西和巴拉圭）。

【分布】中国分布于福建、广东、广西、海南、云南及台湾等地。

【入侵时间】1921 年首次在广东采集到该物种标本。

【入侵生境】喜高温，耐暑热，不耐寒冷，常生长于荒地、路边、林地或住宅旁等生境。

【形态特征】多年生木质常绿藤本植物，攀缘茎长达 8 m（图 39.1）。

图 39.1 炮仗花植株（付卫东 摄）

39 炮仗花

茎 茎纤细，柔软，多分枝，附有3叉丝状卷须善于向上攀爬（图39.2）。

图 39.2　炮仗花茎（①②付卫东 摄，③④王忠辉 摄）

农业主要外来入侵植物图谱（第四辑）

叶 叶对生；小叶 2～3 枚，卵形，顶端渐尖，基部近圆形，长 4～10 cm，宽 3～5 cm，无毛，背面具有极细小分散的腺穴，全缘；叶轴长约 2 cm；小叶柄长 5～20 mm（图 39.3）。

图 39.3 炮仗花叶（①付卫东 摄，②③④王忠辉 摄）

39 炮仗花

花 圆锥花序着生于侧枝顶端，长 10 ~ 12 cm；花萼钟状，具 5 小齿；花冠筒状，内面中部有 1 毛环，基部收缩，橙红色，裂片 5 片，长椭圆形，花蕾时镊合状排列，花开放后反折，边缘被白色短柔毛；雄蕊着生于花冠筒中部，花丝丝状，花药叉开；子房圆柱形，密被细柔毛，花柱细，柱头舌状扁平，花柱与花丝均伸出花冠筒外（图 39.4）。

图 39.4 炮仗花花（①③付卫东 摄，②④王忠辉 摄）

果 果瓣革质，舟状，内有种子多列；种子具翅，薄膜质。

【主要危害】由于卷须多生于上部枝蔓茎节处，全株可以固着在其他植物上生长，使当地生物多样性降低，危害当地农作物（图39.5）。

图 39.5 炮仗花危害（①②③付卫东 摄，④王忠辉 摄）

【控制措施】注意引种，防止逸生。若发现野外逸生种群，应及时铲除。

40 翼茎阔苞菊

【学名】翼茎阔苞菊 Pluchea sagittalis（Lam.）Cabera 隶属菊科 Asteraceae 阔苞菊属 Pluchea。

【起源】南美洲热带地区。

【分布】中国分布于福建、广东、广西及台湾等地。

【入侵时间】20 世纪末在中国台湾有报道，1994 年首次在中国台湾采集到该物种的标本。

【入侵生境】常生长于农田、果园、草地、荒地或山坡等生境。

【形态特征】一年生草本植物，植株高 1 ～ 1.5 m（图 40.1）。

图 40.1　翼茎阔苞菊植株（王忠辉　摄）

茎 茎直立，明显具翼，全株具浓厚的芳香气味，粗糙，直径约 1.5 cm；基部多分枝，密被茸毛（图 40.2）。

图 40.2　翼茎阔苞菊茎（王忠辉　摄）

叶 叶下延；中部叶互生，无柄，披针形至宽披针形，长 6～12 cm，宽 2.5～4 cm，表面具黏性腺体，被薄茸毛，基部纤细，边缘锯齿状，先端渐尖（图 40.3）。

图 40.3　翼茎阔苞菊叶（王忠辉　摄）

40 翼茎阔苞菊

花 头花 7～8 mm，顶生或腋生，呈伞房花序状，花序梗长 5～25 cm；总苞半球形，总苞片青褐色，4～5 片排列，外部宽椭圆形至宽倒卵形，长 1～2 mm，宽 1～1.5 mm，背面被茸毛，边缘具毛，先端渐尖，内部披针形至线状披针形，长 3～4 mm，宽 0.4～0.6 mm，渐变无毛；花托扁平，无毛；边缘小花多数。花冠白色，3～3.5 mm，3 裂；中心小花 50～60 朵，花冠白色，先端紫色，长 2.5～3 mm，基部稍被腺毛；花药尖端尖锐，基部有短尾；花药和花柱外露（图 40.4）。

图 40.4 翼茎阔苞菊花（王忠辉 摄）

果 连萼瘦果，褐色，圆柱形，具 4～5 条浅肋，长
0.6～0.8 mm，宽 0.2 mm，具黄褐色冠毛（图 40.5）。

图 40.5 翼茎阔苞菊果（王忠辉 摄）

【主要危害】瘦果数量大，具冠毛，可随风传播，有较强的潜在扩散能力，为草地、荒地、山地和果园杂草（图 40.6）。

图 40.6　翼茎阔苞菊危害（王忠辉　摄）

【控制措施】严密监控入侵种群动态，若发现野外逸生种群、应及时清除。也可以选择 2 甲 4 氯、草甘膦等除草剂防除。

农业主要外来入侵植物图谱（第四辑）

41 白花地胆草

【学名】白花地胆草 *Elephantopus tomentosus* L. 隶属菊科 Asteraceae 地胆草属 *Elephantopus*（图 41.1）。

【别名】白花地胆头、牛舌草。

【起源】美国东南部。

【分布】中国分布于浙江、福建、江西、广东、广西、澳门及台湾等地。

图 41.1　白花地胆草植株（付卫东　摄）

41 白花地胆草

【入侵时间】"白花地胆草"出自《广州植物志》(1956年)，由《广州常见经济植物》(1952年)的"白花地胆头"改名。1894年首次在中国香港采集到该物种标本。

【入侵生境】常生长于山坡、旷野、路边或灌丛等生境。

【形态特征】多年生坚硬草本植物，植株高 0.8～1 m，或更高。

根 根状茎粗壮，平卧或斜升，具多数纤维状根。

茎 茎直立，基部直径 3～6 mm，多分枝，棱条被白色开展长柔毛（图 41.2）。

图 41.2 白花地胆草茎（付卫东 摄）

叶 叶散生于茎上，基部叶在花期凋萎；下部叶长圆状倒卵形，长 8～20 cm，宽 3～5 cm，先端尖，基部渐狭成具翅的柄，稍抱茎；上部叶椭圆形或长圆状椭圆形，长 7～8 cm，宽 1.5～2 cm，近无柄或具短柄；最上部叶极小；全部叶具小尖的锯齿，稀近全缘，正面皱而具疣状突起，疏或较密被短柔毛，背面密被长柔毛，具腺点（图 41.3）。

图 41.3 白花地胆草叶（付卫东 摄）

花 头状花序 12～20 个，在茎顶端密集成团球状复头状花序，复头状花序基部有 3 个卵状心形的叶状苞片，花序梗细长，排成疏伞房状；总苞长圆形，长 8～10 mm，宽 1.5～2 mm；总苞片绿色，或有时顶端紫红色，外层 4 个，披针状长圆形，长 4～5 mm，顶端尖，具 1 脉，无毛或近无毛，内层 4 个，椭圆状长圆形，长 7～8 mm，顶端急尖，具 3 脉，疏被伏贴短毛，具腺点；花 4 朵，花冠白色，漏斗状，长 5～6 mm，管部细，裂片披针形，无毛（图 41.4）。

图 41.4　白花地胆草花（付卫东 摄）

果 瘦果线状长圆形，长约 3 mm，具 10 条肋，被短柔毛，冠毛污白色，具 5 条硬刚毛，长约 4 mm，基部急宽呈三角形（图 41.5）。

图 41.5　白花地胆草果（付卫东　摄）

41 白花地胆草

【主要危害】为旱作物田常见杂草（图41.6）。

图41.6　白花地胆草危害（付卫东 摄）

【控制措施】加强检疫。也可以选择草甘膦、2甲4氯、百草敌等除草剂防除。

42 硫黄菊

【学名】硫黄菊 *Cosmos sulphureus* Cav. 隶属菊科 Asteraceae 秋英属 *Cosmos*。

【别名】黄秋英、硫磺菊、硫华菊、黄波斯菊。

【起源】墨西哥。

【分布】中国分布于浙江、福建、广东、重庆、四川、贵州、云南及台湾等地。

【入侵时间】1922 年首次在福建采集到该物种标本。

【入侵生境】喜松软、肥沃土壤，常生长于荒野、草坡或庭院等生境。

【形态特征】一年生草本植物，植株高 1.5 ~ 2 m（图 42.1）。

图 42.1 硫黄菊植株（王忠辉 摄）

42 硫黄菊

茎 茎光滑或稍有毛（图 42.2）。

图 42.2　硫黄菊茎（王忠辉　摄）

叶 叶对生；二回羽状深裂，裂片稀疏，披针形或椭圆形，全缘（图 42.3）。

图 42.3 硫黄菊叶（王忠辉 摄）

花 头状花序单生或再组成伞房状；总苞片 2 层，基部联合，外层总苞片卵状披针形，顶端窄尖，内层总苞片长椭圆状卵形，边缘膜质；花序托平坦，有托片；边缘花舌状，橘黄色或金黄色，顶端截形，有浅齿，长 1.5～2.5 cm，不育；盘花管状，黄色，两性，能育（图 42.4）。

图 42.4　硫黄菊花（王忠辉　摄）

果 瘦果有糙毛，具细长喙，线形，喙顶端有 2～4 枚芒，芒具倒刺（图 42.5）。

图 42.5　硫黄菊果（王忠辉　摄）

【主要危害】观赏植物，逸生杂草。可能扩散到全国（图 42.6）。

图 42.6　硫黄菊危害（王忠辉　摄）

【控制措施】控制引种栽培，严格审批管理。不宜在公路和荒野用作绿化植物。

43 菊芋

【学名】菊芋 *Helianthus tuberosus* L. 隶属菊科 Asteraceae 向日葵属 *Helianthus*。

【别名】地姜、鬼仔姜、洋姜、洋生姜等。

【起源】北美洲。

【分布】中国分布于北京、天津、河北、山西、辽宁、吉林、黑龙江、上海、江苏、安徽、浙江、福建、山东、河南、湖北、湖南、江西、广东、广西、海南、重庆、四川、贵州、云南、陕西及甘肃。

【入侵时间】1918 年引种到山东青岛栽培。

【入侵生境】耐寒、耐贫瘠、耐旱，对土壤要求不严，常生长于山坡、草地、废墟、住宅旁、路边或荒地等生境。

【形态特征】一年生草本植物，植株高 1～3 m（图 43.1）。

图 43.1 菊芋植株
（付卫东 摄）

根 根状茎横走，先端膨大成块茎（图 43.2）。

图 43.2　菊芋根（王忠辉　摄）

茎 茎直立，有分枝，被白色上弯的短糙毛或刚毛（图43.3）。

图 43.3 菊芋茎（付卫东 摄）

43 菊芋

叶 叶对生，具叶柄，但上部叶互生；下部叶卵圆形或卵状椭圆形，有长柄，长 10 ～ 16 cm，宽 3 ～ 6 cm，基部宽楔形或圆形，有时微心形，顶端渐细尖，边缘具粗锯齿，离基三出脉，正面被白色短粗毛，背面被柔毛，叶脉被短硬毛；上部叶长椭圆形至阔披针形，基部渐狭，下延呈短翅状，先端渐尖，短尾状（图 43.4）。

图 43.4 菊芋叶（付卫东 摄）

花 头状花序较大，少数或多数，单生于枝顶端，有1～2枚线状披针形的苞叶，直立，直径2～5 cm；总苞片多层，披针形，长14～17 mm，宽2～3 mm，先端长渐尖，开展，背面被短伏毛，边缘被开展的缘毛；托片长圆形，长约8 mm，背面有肋，上端不等3浅裂；舌状花12～20朵，舌片黄色，开展，长椭圆形，长1.7～3 cm；管状花的花冠黄色，长约6 mm，花药褐色（图43.5）。

图43.5 菊芋花（付卫东 摄）

果 瘦果小，楔形，上端有 2 ～ 4 枚被毛的锥状扁芒（图 43.6）。

图 43.6 菊芋果（付卫东 摄）

【**主要危害**】根系发达，繁殖力强，可成为一种高大的多年生宿根性杂草，影响景观和生物多样性（图 43.7）。

图 43.7 菊芋危害（付卫东 摄）

【控制措施】谨慎引种，严格控制逸生植株。

44 水蕴草

【学名】水蕴草 *Egeria densa* Planch. 隶属水鳖科 Hydrocharitaceae 水蕴草属 *Egeria*。

【别名】蜈蚣草、埃格草。

【起源】南美洲。

【分布】中国分布于浙江、湖北、广东、香港及台湾等地。

【入侵时间】1930 年引种到中国台湾，《台湾植物名录》（1982 年）有记载。1960 年首次在中国台湾台北采集到该物种标本。

【入侵生境】喜流速缓慢的水域，常生长于池塘、湖泊、沟渠或河流等生境。

【形态特征】多年生沉水草本植物，植株高 40 ~ 180 cm（图 44.1）。

图 44.1 水蕴草植株（张国良 摄）

茎 茎直立或横生，圆柱形，较粗壮，直径 1～3 mm，节间短，易断裂（图 44.2）。

图 44.2　水蕴草茎（张国良　摄）

44 水蕴草

叶 叶轮生；基部每轮 3 枚，中部每轮 4～8 枚，线状披针形，长 1.5～3 cm，宽 3～6 mm，边缘具细锯齿，质薄，鲜绿色；无叶柄（图 44.3）。

图 44.3 水蕴草叶（张国良 摄）

花 花单性，雌雄异株；雌花单生，直径 1.8～2.5 cm，白色，挺水开放；雄花序具小花 2～4 朵，雄花花萼长椭圆形，花瓣宽椭圆形；表面有很多褶皱，雄蕊 9，花丝和花药黄色；雌花序佛焰苞内仅具雄花 1 朵，雌花较雄花小，心皮 3，假雄蕊略呈梅花状。

果 蒴果卵圆形，长约 6 mm；种子纺锤形，长 4 ～ 5 mm。

【主要危害】 无性繁殖能力强，光合作用能力强，生长迅速，可以在水中快速形成致密的水草丛。水蕴草不但排挤本地种，还阻碍鱼类在水中游动，改变浮游生物的种类和数量，影响生物多样性，并且改变水文状况，阻塞河道（图 44.4）。

图 44.4　水蕴草危害（张国良　摄）

44 水蕴草

【控制措施】水蕴草多用于水族馆布景，引种前应做好科普教育，帮助种植者认识水蕴草在自然生境中的危害，引种后严格管理，不能随意丢弃到自然水体中。为避免化学防控污染水环境，对水蕴草的控制宜采用人工打捞、晒干的方式，但在已被大面积入侵的情况下，人工打捞效果不佳。该植物缺水时间较长时，容易干死，因此，在条件允许时，也可以采用排干生境中水的办法，使其缺水干死。

45 扁穗雀麦

【学名】 扁穗雀麦 *Bromus catharticus* Vahl. 隶属禾本科 Poaceae 雀麦属 *Bromus*（图 45.1）。

【别名】 野麦子、澳大利亚雀麦。

【起源】 阿根廷。

【分布】 中国分布于北京、河北、河南、内蒙古、新疆、青海、甘肃、陕西、四川、贵州、云南、江苏及广西等地。

图 45.1　扁穗雀麦植株（王忠辉 摄）

45 扁穗雀麦

【入侵时间】20 世纪中叶作为牧草引种到江苏、云南等地，1923 年首次在福建采集到该物种标本。

【入侵生境】耐寒、耐旱，喜阴湿环境，耐酸、耐碱，常生长于农田（麦地）、山坡背阴处或沟边等生境。

【形态特征】一年生或二年生草本植物，植株高约 100 cm。

根 须根发达（图 45.2）。

图 45.2 扁穗雀麦根（王忠辉 摄）

茎 秆直立，丛生，高 60～100 cm，直径约 5 mm（图 45.3）。

图 45.3　扁穗雀麦茎（王忠辉 摄）

叶 叶鞘闭合，被柔毛；叶舌长 2 ～ 3 mm，具缺刻；叶片线状披针形，长 30 ～ 40 cm，宽 4 ～ 7 mm，疏被柔毛（图 45.4）。

图 45.4 扁穗雀麦叶（王忠辉 摄）

花 圆锥花序开展、疏松，长约 20 cm；小穗极压扁，具 6～7 枚小花，或多至 12 枚小花，长 2～3 cm，宽 8～10 mm，小穗轴节间长约 2 mm，粗糙；颖披针形，脊上被微刺毛，第 1 颖约 1 cm，具 7～9 脉，第 2 颖 1.2～1.5 cm，具 9～11 脉；外稃具 11～12 脉，顶端裂口处具小尖头，第 1 外稃长 1.7～1.9 cm；内稃窄狭，较短小（图 45.5）。

图 45.5　扁穗雀麦花（王忠辉　摄）

果 颖果与内稃贴生，长 7 ～ 8 mm，胚比（胚与整个子实比）为 1/7，顶端被茸毛（图 45.6）。

图 45.6　扁穗雀麦果（王忠辉 摄）

扁穗雀麦、田雀麦和旱雀麦的形态特征比较表

特征	扁穗雀麦	田雀麦	旱雀麦
生活型	一年生或二年生草本植物	一年生草本植物	一年生草本植物
茎	秆直立，丛生	秆直立，高40～100 cm，直径6 mm	秆直立，高20～60 cm，具3～4节
叶	叶鞘被柔毛；叶片线状披针形，疏被柔毛	叶鞘被毛；叶片长10～20 cm，宽3～6 mm，疏被柔毛，边缘与正面粗糙	叶鞘被柔毛，叶舌长约2 mm；叶片长5～15 cm，宽2～4 mm，被柔毛
花	圆锥花序疏松，小穗长2～3 cm，两侧压扁，具6～12枚小花；颖披针形，外稃无芒或仅具1 mm的芒尖	圆锥花序疏散，分枝粗糙，上部着生5～8小穗；小穗具5～8枚小花，长1.2～2.2 cm，宽3～4 mm；第1颖长4～6 mm，具3脉，第2颖长6～8 mm，具5～7脉；外稃长7～10 mm，具7脉，无毛，边缘膜质，先端具2微齿，芒长0.7～1 cm；内稃与外稃近等长；花药长约4 mm	圆锥花序开展，分枝粗糙，被柔毛，着生4～8小穗；小穗具4～8枚小花，长1～1.8 cm；颖窄披针形，第1颖长5～8 mm，具1脉，第2颖长0.7～1 mm，具3脉；外稃长9～12 mm，一侧宽1～1.5 mm，具7脉，粗糙或被柔毛，先端渐尖，边缘薄膜质，芒细直，长10～15 mm；内稃短于外稃，脊被纤毛；花药长0.5～2 mm

续表

特征	扁穗雀麦	田雀麦	旱雀麦
果	颖果与内稃贴生，长7～8 mm，顶端被茸毛	颖果黑褐色，长7～9 mm，宽约1 mm，顶端被茸毛，果体紧贴内稃和外稃一并脱落	颖果与内稃贴生，长0.7～1 cm

【主要危害】 为农田、路边和草场杂草，也是一些农作物病虫害的寄主植物（图45.7）。

图 45.7 扁穗雀麦危害（王忠辉 摄）

【控制措施】控制引种，禁止作为牧草和绿化植物引种到开阔地。

46 多花黑麦草

【学名】多花黑麦草 *Lolium multiflorum* Lamk. 隶属禾本科 Poaceae 黑麦草属 *Lolium*。

【别名】意大利黑麦草。

【起源】欧洲。

【分布】中国分布于辽宁、河北、北京、陕西、河南、山东、甘肃、宁夏、青海、新疆、江苏、安徽、上海、浙江、湖北、湖南、重庆、四川、贵州及云南。

【入侵时间】18 世纪引种到北方地区，1930 年首次在山东采集到该物种标本。

【入侵生境】喜温润气候，耐低温、耐盐碱，常生长于农田、路边或草地等生境。

【形态特征】一年生、越年生或短期多年生草本植物，植株高 50 ～ 90 cm（图 46.1）。

图 46.1　多花黑麦草植株（付卫东　摄）

根 根系较浅，须根密集，主要分布在 0 ~ 15 cm 的土层中（图 46.2）。

图 46.2　多花黑麦草根（付卫东 摄）

茎 秆直立，丛生，具 4～5 节，较细弱至粗壮（图 46.3）。

图 46.3　多花黑麦草茎（付卫东 摄）

叶 叶鞘较疏松裹茎；叶舌长达 4 mm；叶片长 10～15 cm，宽 3～5 mm，质地柔软，扁平，无毛，正面微粗糙。幼苗胚芽长 7～12 mm，紫色，叶片长 3.5～6.5 cm，具 5 脉，光滑无毛。

46 多花黑麦草

花 穗形总状花序，长 10～20 cm，宽 5～8 mm；穗轴柔软，节间长 7～13 mm，无毛；小穗长 10～18 mm，宽 3～5 mm，具 10～15 枚小花；颖质地较硬，具狭膜质边缘，具 5～7 脉，长 5～8 mm，与第 1 小花等长；外稃披针形，质地较薄，顶端膜质透明，具 5 脉，基盘被微小纤毛（图 46.4）。

图 46.4 多花黑麦草花（①张国良 摄，②付卫东 摄）

果 颖果长圆形，长 2.5 ~ 3.4 mm，宽 1 ~ 1.2 mm，褐色至棕色，顶端钝圆，被茸毛，脐不明显，腹面凹陷，中间具沟（图 46.5）。

图 46.5　多花黑麦草果（张国良 摄）

46 多花黑麦草

黑麦草和多花黑麦草的形态特征比较表

特征	黑麦草	多花黑麦草
生活型	多年生草本植物	一年生、越年生或多年生草本植物
茎	秆疏丛生，具3～4节，基部节上生根，常斜卧	秆直立，丛生，具4～5节
叶	叶鞘较疏松裹茎，叶片线形；幼苗胚芽鞘松弛，紫色，叶片长3～4.5 cm	叶鞘较疏松裹茎，叶片长，质地柔软，扁平，无毛；幼苗胚芽紫色；叶片长3.5～6.5 cm
花	穗状花序；小穗具7～11枚小花，颖短于小穗；外稃披针形，基部有明显基盘	穗形总状花序，小穗具10～15枚小花；颖具狭膜质边缘，与第1枚小花等长；外稃披针形，基盘被微小纤毛
果	颖果矩圆形	颖果长圆形

【主要危害】为农田、路边杂草。是赤霉病和冠锈病的寄主植物。

【控制措施】控制引种到荒山、荒坡。若发现野外逸生种群，应及时铲除。

47 铺地黍

【学名】铺地黍 *Panicum repens* L. 隶属禾本科 Poaceae 黍属 *Panicum*（图 47.1）。

【别名】枯骨草、匍地黍、硬骨草、苦拉丁。

【起源】巴西。

【分布】中国分布于福建、浙江、广东、广西、海南及

图 47.1　铺地黍植株（王忠辉　摄）

台湾等地。

【入侵时间】1857 年在中国香港发现。

【入侵生境】耐旱、耐寒，对土壤的适应性强，无论沙土、壤土、黏土均可生长，常生长于路边、山坡、草地、旱作物田、稻田、果园、茶园、桑园或橡胶园等生境。

【形态特征】多年生草本植物，植株高 50 ～ 100 cm。

根 根状茎粗壮发达（图 47.2）。

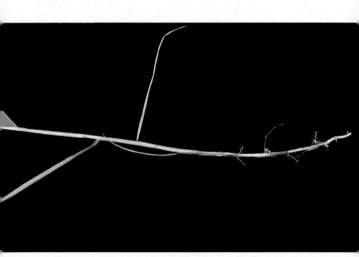

图 47.2　铺地黍根（王忠辉　摄）

茎 秆直立，坚挺，质地坚硬，具多节（图 47.3）。

图 47.3 铺地黍茎（王忠辉 摄）

叶 叶鞘光滑，边缘被纤毛；叶舌长约 0.5 mm，顶端被睫毛；叶片质地坚硬，线形，长 5 ～ 25 cm，宽 2.5 ～ 5 mm，干时常内卷，呈锥形，顶端渐尖，上表皮粗糙或被毛，下表皮光滑；叶舌极短，膜质，顶端具长纤毛（图 47.4）。

图 47.4　铺地黍叶（王忠辉　摄）

花 圆锥花序开展，长 5～20 cm，分枝斜上，粗糙，具棱槽；小穗长圆形，长约 3 mm，无毛，顶端尖；第 1 颖薄膜质，长约为小穗长的 1/4，基部包卷小穗，顶端截平或圆钝，脉不明显；第 2 颖约与小穗近等长，顶端喙尖，具 7 脉，第 1 小花雄性，其外稃与第 2 颖等长；雄蕊 3，花丝极短，花药长约 1.6 mm，暗褐色；第 2 小花结实，长圆形，长约 2 mm，平滑，光亮，顶端尖；鳞被长约 0.3 mm，宽约 0.24 mm，脉不清晰（图 47.5）。

图 47.5 铺地黍花（王忠辉 摄）

果 颖果长卵形，长约 2 mm，连带颖片和稃片（图 47.6）。

图 47.6 铺地黍果（王忠辉 摄）

【主要危害】粗壮根状茎具有很强的伸展能力，再生性能好，根状茎上的每个节点都有独特的能力产生新芽，繁殖能力特别强，生长迅速，常在小范围成为群落优势种；是草坪、旱地作物主要杂草之一；是稻纵卷叶螟的寄主植物（图 47.7）。

图 47.7　铺地黍危害（王忠辉　摄）

【控制措施】人工清除。可以选择草甘膦等除草剂防除。

48 | 蒺藜草

【学名】蒺藜草 *Cenchrus echinatus* L. 隶属禾本科 Poaceae
蒺藜草属 *Cenchrus*。

【别名】刺蒺藜草、野巴夫草。

【起源】美洲热带地区。

【分布】中国分布于福建、广东、广西、海南、云南、
香港及台湾等地。

【入侵时间】20 世纪 30 年代传入中国台湾。"蒺藜草"
出自《中国主要禾本植物属检索表》（1957 年）和《中
国主要植物图说·禾本科》（1959 年）。1934 年首次
在中国台湾兰屿采到该物种标本，之后在台南（1935
年）、屏东（1944 年）、嘉义（1955 年）、广州（1952
年）、厦门（1956 年）等地陆续有标本采集记录。

【入侵生境】常生长于荒地、牧场、路边、草地、沙丘、
河岸或海滨沙地等生境。

【形态特征】一年生草本植物，植株高 15 ~ 50 cm（图
48.1）。

图 48.1　蒺藜草植株（张国良　摄）

48 蒺藜草

根 须根较粗壮。

茎 秆扁圆形，基部膝曲或横卧地面而于节处生根，下部各节间具分枝（图48.2）。

图 48.2 蒺藜草茎（张国良 摄）

叶 叶鞘松弛，压扁具脊，上部叶鞘背部被密细疣毛，近边缘处被密细纤毛，下部边缘多数宽膜质无纤毛；叶舌短小，被长约 1 mm 的纤毛；叶片线形或狭长披针形，质地柔软，长 5 ～ 20（40）cm，宽 4 ～ 10 mm，正面近基部疏被长约 4 mm 的长柔毛或无毛（图 48.3）。

图 48.3　蒺藜草叶（王忠辉　摄）

花 总状花序，直立，长 4～8 cm，宽约 1 cm；刺苞呈稍扁圆球形，长 5～7 mm，裂片扁平刺状，基部联合成完整的 1 圈，裂片背部被较密的细毛和长绵毛，边缘被较多白色平展绵毛，刚毛在刺苞上轮状着生，先端直立或向内反曲，刚毛上具较明显的倒向糙毛，刺苞基部收缩呈楔形；总花序梗密被短毛，每刺苞内具小穗 2～4 个，小穗椭圆状披针形，具 2 枚小花；颖片膜质；第 1 小花雄性或中性，外稃与小穗等长，具 5 脉，第 2 小花两性，外稃具 5 脉，包卷同质的内稃，成熟时质地逐渐变硬；鳞被缺；柱头帚刷状，长约 3 mm（图 48.4）。

图 48.4 蒺藜草花（①王忠辉 摄，②张国良 摄）

果 颖果椭圆状扁球形，长 2～3 mm，背腹压扁，种脐点状（图 48.5）。

图 48.5　蒺藜草果（①②张国良 摄，③王忠辉 摄）

48 蒺藜草

长刺蒺藜草和蒺藜草的形态特征比较表

特征	长刺蒺藜草	蒺藜草
生活型	一年生草本植物	一年生草本植物
根	根须状，具沙套	须根较粗壮
茎	秆扁圆形，中空，基部膝曲或横卧地面而于节处生根，分蘖成丛，下部各节具分枝	秆高约50 cm，基部膝曲或横卧地面而于节处生根，下部节间短且具分枝
叶	叶鞘压扁，无毛，或偶尔被茸毛；叶狭长，两面无毛	叶鞘松弛，叶舌短小，叶片线形或狭长披针形，质地柔软，正面近基部疏生长柔毛或无毛
花	总状花序，顶生，穗轴粗	总状花序，直立，刺苞呈稍扁圆球形，刺苞背部被较密的细毛和长绵毛，总花序梗密被短毛，每刺苞内具小穗2～4个，小穗具2枚小花
果	颖果几呈球形，黄褐色或黑褐色	颖果椭圆形扁球形，长2～3 mm，背腹压扁，种脐点状

【主要危害】为花生、甘薯等农田和果园的一种危害严重的杂草，破坏原生植被，对林业和农业造成影响；入侵裸地或新开垦的土地后，能很快扩散占领空隙；同时也是牧场的有害杂草，其刺苞可刺伤人类和动物的皮肤，混在饲料或牧草里能刺伤动物的眼睛、口腔和舌头，对畜牧业造成损失（图48.6）。

图 48.6　蒺藜草危害（张国良 摄）

【控制措施】加强检疫。在小苗期，农田生境可以选择乙草胺、啶嘧磺隆等除草剂防除，非农田生境可以选择草甘膦等除草剂防除；超过 6 叶期，可以人工拔除。

49 两耳草

【学名】两耳草 *Paspalum conjugatum* Berg. 隶属禾本科 Poaceae 雀稗属 *Paspalum*。

【别名】八字草、叉仔草、大肚草。

【起源】美洲热带地区。

【分布】中国分布于福建、广东、广西、海南、云南、香港、澳门及台湾等地。

【入侵时间】20 世纪初传入中国香港，1904 年中国香港有分布报道；《广州常见经济植物》（1952 年）、《中国主要禾本植物属种检索表》（1957 年）和《中国主要植物图说·禾本科》（1959 年）有记载。1917 年首次在海南采集到该物种标本，之后在广东（1919 年）、台湾（1929 年）、云南（1943 年）等地也有标本采集记录。

【入侵生境】喜温暖、潮湿、遮阴环境，常生长于路边、荒地、草地、农田、果园、茶园或林缘等生境。

【形态特征】多年生草本植物，植株直立部分高 30～60 cm（图 49.1）。

图 49.1　两耳草植株（付卫东　摄）

茎 匍匐茎长可达 2 m；秆纤细，有时略带紫色（图
49.2）。

图 49.2　两耳草茎（付卫东　摄）

49 两耳草

叶 叶鞘松弛，背部具脊，无毛或上部边缘及鞘口被柔毛；叶舌膜质，极短；叶片狭披针形至线状披针形，平展而质薄，无毛或边缘被疣柔毛，有时腹面疏被疣基毛（图49.3）。

图 49.3　两耳草叶（付卫东 摄）

花 总状花序2个，对生，长6～12 cm，纤细开展；穗轴细软，宽约0.8 mm，边缘具锯齿；小穗柄长约0.5 mm；小穗卵圆形，长1.5～1.8 mm，宽约1.2 mm，顶端稍尖，覆瓦状排列成2行；第1颖退化，第2颖边缘被长丝状柔毛，毛与小穗近等长，颖长与第1外稃长相等，两者均质地较薄且无脉；第2外稃薄革质，背面略隆起，卵形，包卷同质的内稃（图49.4）。

图49.4 两耳草花（付卫东 摄）

49 两耳草

果 颖果长约 1.2 mm，胚长为颖果长的 1/3。

【主要危害】 为在潮湿的热带地区多年生农作物中常见的有害植物，常形成单一优势种群，尤其是在茶园、橡胶林、油棕林、果园以及其他经济林中，与农作物竞争养分，影响经济林生长。在中国主要入侵西南、华南地区，是云南橡胶林、广东各大果园中主要的入侵植物之一，常在林下形成优势种群（图 49.5）。

图 49.5　两耳草危害（付卫东 摄）

【控制措施】 种植豆类植物可以有效控制两耳草种群；在出苗前，可以选择草甘膦、农达、镇草宁等除草剂防除。

50 象草

【学名】象草 *Pennisetum purpureum* Schumach. 禾本科 Poaceae 狼尾草属 *Pennisetum*。

【别名】紫狼尾草。

【起源】非洲、大洋洲和亚洲南部。

【分布】中国分布于四川、广西、云南、海南、安徽及香港等地。

【入侵时间】中国在 20 世纪 30 年代从印度、缅甸等国引种到广东、四川等地。1931 年首次在广东采集到该物种标本。

【入侵生境】喜温暖、湿润气候，喜排水良好的肥沃土壤，常生长于河岸、湿地、路边、荒地、草地、林缘、农田或果园等生境。

【形态特征】多年生丛生大型草本植物，植株高 2 ～ 4 m（图 50.1）。

图 50.1　象草植株（付卫东 摄）

根 有时具地下茎（图 50.2）。

图 50.2　象草根（付卫东　摄）

50 象草

茎 秆粗壮，直立，节上光滑或被毛（图 50.3）。

图 50.3　象草茎（①②③王忠辉 摄，④付卫东 摄）

叶 叶鞘光滑或被疣毛；叶舌短小，被长 1.5～5 mm 的纤毛；叶片线形，扁平，质地较硬，长 20～50 cm，宽 1～2 cm 或者更宽，腹面疏被刺毛，背面无毛，边缘粗糙（图 50.4）。

图 50.4　象草叶（①②付卫东　摄，③王忠辉　摄）

50 象草

花 圆锥花序，长 10～30 cm，宽 1～3 cm；主轴密被长柔毛，直立或稍弯曲；刚毛黄金色、淡褐色或紫色，长 1～2 cm，被长柔毛而呈羽毛状；小穗单生，披针形，长 5～8 mm，近无柄，如 2～3 个簇生，则两侧小穗具长约 2 mm 短柄，成熟时与主轴交成直角呈近篦齿状排列；第 1 颖长约 0.5 mm 或退化，先端钝或不等 2 裂，脉不明显；第 2 颖披针形，长约为小穗长的 1/3，先端锐尖或钝，具 1 脉或无脉；第 1 小花中性或雄性，第 1 外稃长约为小穗长的 4/5，具 5～7 脉；第 2 外稃与小穗等长，具 5 脉；鳞被 2，微小；雄蕊 3，花药顶端被毫毛；花柱基部联合（图 50.5）。

图 50.5 象草花（付卫东 摄）

果 颖果椭圆形，长 3～5 mm（图 50.6）。

图 50.6　象草果（付卫东 摄）

【**主要危害**】　象草被认为是世界上危害最严重的入侵禾草之一，是对农业和环境具有严重危害的入侵物种。象草生长旺盛，能迅速入侵耕地、草原和荒地，植株高大，一旦种群建立可形成致密的高大草丛，常成为农田、牧场、经济林以及果园的恶性杂草。入侵自然生态系统，形成单一优势种群，排挤原生植物，对本地物种造成威胁，破坏生态平衡（图 50.7）。

图 50.7 象草危害（付卫东 摄）

【**控制措施**】谨慎引种栽培，加强管理，防止其在野外大量逸生。物理防治须彻底清除根、茎，对于大面积发生的种群则需要选择有效的除草剂防除。